生活因阅读而精彩

生活因阅读而精彩

慢腾腾，煲一碗尘世的汤

若云／著

中国华侨出版社

图书在版编目(CIP)数据

慢腾腾,煲一碗尘世的汤 / 若云著.—北京:
中国华侨出版社,2014.7

ISBN 978-7-5113-4715-2

Ⅰ.①慢… Ⅱ.①若… Ⅲ.①人生哲学–通俗读物
Ⅳ.①B821–49

中国版本图书馆 CIP 数据核字(2014)第 115231 号

慢腾腾,煲一碗尘世的汤

著 者 / 若 云
责任编辑 / 荼 蘼
责任校对 / 孙 丽
经 销 / 新华书店
开 本 / 787 毫米×1092 毫米 1/16 印张/18 字数/231 千字
印 刷 / 北京建泰印刷有限公司
版 次 / 2014 年 9 月第 1 版 2014 年 9 月第 1 次印刷
书 号 / ISBN 978-7-5113-4715-2
定 价 / 32.00 元

中国华侨出版社 北京市朝阳区静安里 26 号通成达大厦 3 层 邮编:100028
法律顾问:陈鹰律师事务所
编辑部:(010)64443056 64443979
发行部:(010)64443051 传真:(010)64439708
网址:www.oveaschin.com
E-mail:oveaschin@sina.com

前言

　　随着生活水平的提高，熟人之间见面已经很少再用"吃了吗"来打招呼问候，取而代之的是"忙什么呢"。忙什么呢？当然是忙着精致生活、忙着工作赚钱、忙着构建自己的未来。许多人都抱怨忙得像陀螺似的不得片刻空暇，忽视了自己的家人，忽视了自己的身体健康，更对自己精神的饥渴置若罔闻。真的是从身体到精神，疲惫不堪。

　　我们满足于麻烦的交际和短暂而世俗的所谓"成功"，却错过了许多的好心情和好光阴。其实，不急躁和善于慢下来的人才是最聪明的智者。美好幸福的生活，需要你踏实下来，踩着坚实的土地，发现那些不为人知的快乐。幸福的感觉同物质拥有程度没有直接的关系，关键在于心态。有什么样的态度决定了有什么样的人生。幸福就像追蝴蝶，你追它时追不着，当你静下来的时候，蝴蝶会栖息在你的身上。

曾几何时，我们恨不得每一天、每一小时、每一秒都紧握在手中，没有丝毫的浪费。其实，这样忙碌和匆匆的生活又为自己赢得了什么呢？身材日益横向发展，而心灵却没有同步升华。离开办公室了，手机、电话、邮件就让它们都休息吧；开始 8 小时外的生活了，亲情、友情和爱情，就让我们尽情享受吧。品尝东西，行走南北！可以像蚂蚁一样工作，但也请像蝴蝶一样生活。

生活像一串珍珠项链，一个个的瞬间就是一颗珍珠，把生活中每个美好的瞬间积累起来，积累瞬间才能够做成项链。人生有限，应该善加利用、珍惜身边的每一个人，不论从工作、家庭，还是与人的交往中，使自己生活得更加充实、快乐，获得健康的人生。

不要急，慢慢来，是你的总会有，一步步走来，当你回头的时候，你才发现，困难早被你熬过去了，等真的熬过去了，才发现那不算是困难。蓓蕾初成、秋英染金，生命在其中，美得像一场花季；红光暖尘、雨洗新色，生命在其中，美得像一幅图画。

放慢生活的脚步，不要再做速度和效率的崇拜者和践行者。慢下来，才会发现以前擦身而过的风景；慢下来，才不会在高速运转的世界中失衡。放慢脚步，慢慢行，才有时间品味，留驻；检视内心，才有思绪释放，丰富。

阅读此书，希望您能体会到：也许生活会夺走一些我们以为属于自己的东西，但其实它会给我们更好的。让心慢下来，在浮躁的现实中从容地生活。其实，幸福就是每一个微小的生活愿望的达成。通过自己的行动，慢慢地，一步步地前进，当你实现的生活愿望越来越多时，就获得了实现幸福生活的能力。

目录
CONTENTS

放松心态，追寻心灵的桃花源 | 第一章

好的心态是非凡人生的成功起点，是生命中的阳光和雨露，让人的心灵成为一只翱翔的雄鹰。心态是命运的控制塔，它决定了一个人是否能够激发潜能并最终走向成功。选择放松心态，就等于选择了成功的希望。

放慢脚步，播种身边的点滴幸福 | 第二章

人非草木，孰能无情。人与人之间相互维持关系最重要的方式之一就是建立感情。这包括思念时的苦涩与甜蜜，也有追求时的大胆浓烈，更有失去时的淡然和大度。

第三章 | **宠辱皆忘，感受风雨过后的阳光**

苦是人生必然会尝到的一种滋味，痛是一种贯穿身体和心灵的感觉。人生的苦痛有很多，有时也会经历很长的阶段。而选择忘却则可以将这种苦楚消于无形，让自己的人生多一些心平气和。

第四章 | **保持微笑，让心之海域畅通无阻**

笑容是最普通但也是最具感召力的表情。开心时扬起的笑容是对自己或者他人的肯定，而在逆境中的笑容则是一种相信未来的态度。学会克制，不能忘记，时刻要笑对世界。

坚持自我，构建人生希望的港湾 | 第五章

人们害怕迷失的感觉，因为在迷失的情绪里充满了不确定性。当面临无边的寂寞、面临十字路口的困惑，坚持自己的方向，做最真实的自己，这才是最重要的。

卸下重担，跟着心灵的召唤去旅行 | 第六章

宁静方能致远，热闹有热闹的喧嚣。当岁月悄无声息地流逝，心智也会逐渐地成熟。当困扰内心的愁烦被逐渐忘却，收获到的将是丰满而充实的人生。

第七章 │ 平常心态，一切伟大都有渺小的开始

拥有平常心的人才能懂得自己的渺小，才能涤荡自己的灵魂。心怀善意看待这个世界，得到的将是满满的善意和异常宁静的心理状态。

第八章 │ 包容失败，歌颂黎明也请拥抱黑夜

做事要有一种慢姿态，当错误积累到一定程度转化成宝贵的人生经验的时候，那将是个人成长的一部分。成功之所以显得珍贵，是因为历经过无数次的挫败。每一次的不成功其实都是一笔巨额财富。

走出低谷，乌云之上总有晴空高照 │ 第九章

艰难困苦，玉汝于成。要想成为光彩夺目的珍珠，首先要做的就是把自己裸露在外，经历一次次的打磨。我们可能会面临低谷，但是每一个不懈怠的人都会得到命运的垂青，只不过是时间早晚而已。

第十章 │ 慢慢等待，拥有梦想终会春暖花开

　　流年似水，韶华易逝，人生需要拼搏，同时也需要慢慢等待。这种等待，其实就是在等一个时机。当有梦的岁月越来越远，学会用静心的状态来接近一切美好的事物。做真实的自己，守住内心的真淳，听从内心深处的召唤。

第一章
放松心态，追寻心灵的桃花源

好的心态是非凡人生的成功起点，是生命中的阳光和雨露，让人的心灵成为一只翱翔的雄鹰。心态是命运的控制塔，它决定了一个人是否能够激发潜能并最终走向成功。选择放松心态，就等于选择了成功的希望。

1. 小事成就大事，细节成就完美

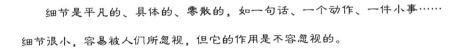

细节是平凡的、具体的、零散的，如一句话、一个动作、一件小事……细节很小，容易被人们所忽视，但它的作用是不容忽视的。

"不积跬步，无以至千里。不积小流，无以成江海。"这是千年之前的先哲们留给后世的治学法则。同理，这样的法则也可延伸到成就大事上面。时常听见有人抱怨自己怀才不遇，总是没有机会去做一些大事，也有人总是说在等待一个机会，可即便天上真的掉了馅饼，那也要你伸手去捡不是。

小事并不是不足挂齿的，在实际的工作中，所有的大事都是由一件件不起眼的小事组成的，不能因为这些事小就选择敷衍对付或者是轻视懈怠。现实中的成功者，我们看到的往往是其成功后的风采，可是他们在成功以前所做的小事却被人们选择性遗忘了。有人也会说，我也每天做着各种不起眼的小事呀，可为什么成功还是距离我那么远呢？其实这取决于我们对待小事的态度。成功者的大脑中总是有这样一种信念：没有一件小事是浪费时间的。我们都期待着自己所做的事能够产生一个质的变化，但是若没有足够量的积累，那质变就是一种空谈。

庞大的美国标准石油公司曾经有一位小职员，他的名字叫阿基勃特。他在出差住旅馆的时候，有一个习惯，总是在自己签名的下方，写上"每桶4美元的标准石油"的字样。这种习惯就连在书信以及收据上也不例外，签名的下面也是这样的一行字。久而久之，阿基勃特就有了一个外号"每桶4美元"，而他的真名却越来越少被人所知。

标准石油公司的董事长洛克菲勒知道这件事以后，对阿基勃特的行为深有感触，为他手底下有这样一个细致和敬业的员工而感到自豪。在洛克菲勒的邀请下，阿基勃特与洛克菲勒一起共进晚餐。在这次谈话中，洛克菲勒看出阿基勃特并非哗众取宠而这样做，他在实际的工作中也是尽力把每一件小事都做好。于是，洛克菲勒提拔阿基勃特做了董事长特别助理。而阿基勃特在这个位置上依然勤恳上进。后来，洛克菲勒卸任，阿基勃特成了标准石油公司的第二任董事长。

有人说，在签名的时候署上"每桶4美元的标准石油"这样的事情太小了，甚至从严格意义上说，这原本就不在阿基勃特的工作范围之内。但是本着宣传公司形象的目的，阿基勃特这样做了并且坚持了下来。阿基勃特有过人的才华吗？肯定是有，他最终能够掌管这么大的一家公司，没有一定的能力是无法做到的，但是他就是员工中能力最出众的吗？恐怕并不尽然，他最终能够从众人中脱颖而出，不轻视每一件小事绝对是一个非常重要的原因。

一部鸿篇巨制需要一个一个的词语组成，而大事也是由一件件的小事连接而成。一心只想做大事的人，常常对小事嗤之以鼻，但这样的人结果只能是在不断地幻想与抱怨中一事无成。

刚迈入不惑之年的高强担任某跨国集团驻中国区的总裁，手下各个地区的办事处员工加起来，总数达到了1000多名。而高强有一个习惯，那就是记住每一个员工的名字，也就是说，他能够叫上所有员工的姓名来。这在很多人看来都是多此一举的事情，作为一名高管，费心去记住每一名下属的名字无疑是一种浪费时间和精力的做法。

但是高强有着自己的打算，在他看来，自己作为集团驻中国区的总裁，责任是带领着大家把事业做好，而能够叫得出每一个员工的名字是对员工的一种尊重。

一天晚上，高强陪着总部的大老板来公司拿一份资料，在上电梯的时候，碰到了一名销售部的员工。这个男孩还带着一名女孩。顿时，狭窄的电梯里的气氛有点尴尬，一位是总部大老板，一位是区域总裁，一位是普通的销售员，还有一位并不熟悉的异性。

就在这个时候，高强和那个员工开始交流起来，很随和地问："许剑，今天加班呀？你们现在正在做的那个项目进展得怎么样？"

这个名叫许剑的普通员工突然愣住了，因为他没有想到总裁能够叫出自己的名字，还知道自己如今在做的项目。

第二天早上，当高强打开邮箱时，收到了许剑晚上 11 点钟发过来的一封邮件，在邮件里他这样写道："高总，您今天让我太有面子了！我带来的这个朋友，还没有成为我女朋友，但是因为您堂堂一个大总裁，居然能够叫出我的名字，并询问我项目的事，这已经为我的形象加分不少。"

许剑也许并不知道，其实在取完资料陪同大老板回酒店的路上，大老板也对高强赞不绝口。他认为高强一定能够在中国区总裁的位置上创造出良好的业绩，因为从这件小事中，大老板已经看到了高强对待公司和员工的态度。

没有什么小事是浪费时间的，要想成功，坚持把小事做好以后，成功就是水到渠成的事情。不要因为事小而不做，成功虽然存在着一定的偶然性，但是能够关注小事的人无疑将会拥有更大的概率。

2. 心放宽，一切都会灿烂夺目

成功很难吗？这要看一个人是以什么样的心态来看待成功。如果把成功比作金字塔，很多人的眼睛注注只盯着那高耸入云的塔尖，对塔下一层层的基础却视而不见，因此迷失了正确的方向。

"难"已经成为人们最常见的一个借口，是获得别人同情的一个最难辩驳的借口，可是我们遇到的事情真的有那么难吗？很多人总是习惯给自己制订种类繁多的计划，但最后多是不了了之，问及原因，往往只有一个字——难。

曾经结交过一个朋友，在年初的时候信誓旦旦地写下一年的计划，包括要去哪儿旅行，要读多少书，要去看谁的演唱会，等等，事无巨细。到了年末的时候，突然在聚会中谈及他的计划，他有些不好意思地说基本上都没有完成。看着我们有些失望的态度，他急忙解释道："不是我不想做，而是太难了！"说完开始给我们算旅行的花销啦，阅读的时间，等等。在大家表示都能理解的时候，这位朋友露出一种心安理得的释然笑容。

回到家里重新看了一下年初他的计划，真的有那么难吗？其中有一本书只是一本不到一百页的绘本，而其中一项旅行目的地就是他所在城市的郊县。这些真的很难吗？其实未必。

英国的一家报纸曾经举办了一场非常有意思的智力竞赛，竞赛的题目是这样的：有三个对人类做出过巨大贡献的名人，他们分别是医学博士、著名化学家和举世瞩目的核物理学家。有一天，这三人搭乘同一个热气球。热气球在半空中突遇风暴，残酷的现实是，只有把其中一人推下去，才能确保另外两人的安全。问题是究竟谁应该被推下热气球呢？

在比赛的题目公布以后，收到了数以十万计的答案，都用长篇大论来证明三个人对人类贡献的大小。然而，最后获得大奖的却是一个12岁的小孩，她的答案非常简单，只有一句话："把最胖的那个人推下去。"小孩子在这次竞赛中表现出令人意想不到的智慧，关键是她的思考方式与众不同。

小孩的思维方式就是最简单、最直白的方式，但是也是最有效的。

在社会中，我们习惯以一种固有思维思考问题的同时，往往会把问题复杂化。换一种方式思考，或许问题会更简单。在我们遇到困难的时候，不要一直沮丧懊恼，不要抱怨别人、抱怨自己，首先应该检讨错误，知道自己错在哪里，然后改变思维方式，试试另一种方法能不能成功。

众所周知，跑马拉松是一项极度考验人的耐心和体力的运动项目。1984年的东京国际马拉松邀请赛中，名不见经传的日本选手山田本一大爆冷门，夺得了世界冠军。在比赛结束后，当记者问他凭什么取得如此惊人的成绩时，他的一句"凭智慧战胜对手"让当时体育界嘘声一片。

听到这样的回答，许多人都认为这个偶然跑到前面的矮个子选手是在故弄玄虚。毕竟马拉松比赛是体力和耐力的较量，只要身体素质好再加之有耐性就有希望夺冠，爆发力和速度都还在其次，如果非要说是用智慧取胜确实有些太牵强了。

两年之后，国际马拉松邀请赛在意大利北部城市米兰举行，山田本一依然代表日本队参加比赛。这一次，他出人意料地又获得了世界冠军。当记者再一次请他谈经验时，生性木讷、不善言谈的山田本一回答的仍然是那句"用智慧战胜对手"。这一次记者虽然没有嘲笑和挖苦这名选手，但是对他的答案依然表示非常不理解。

是谜底总有揭开的一天，答案就藏在他的自传中。在自传中，他是这样说的："每次比赛之前，我都有一个习惯，那就是乘车把比赛的线路仔细地看一遍，并把沿途比较醒目的标志画下来，比如第一个标志是学校，第二个标志是一所房子，第三个标志是一口池塘……这样一直画到赛程的终点。每当比赛开始以后，我就奋力地向第一个目标跑去。等到达第一个目标后，我又以同样的速度向第二个目标跑去。40多公里的赛程，就被我分解成这么几个小目标轻松地跑完了。最开始的时候，我并不懂这样的道理，我一直把我的目标定在40多公里外终点线上的那面旗帜上，结果我跑到十几公里时就疲惫不堪了，我被前面那段遥远的路程给吓倒了。"

我们完全可以学习山田本一的成功方式，要达到目标，就要像上楼梯一样，一步一个台阶，把大目标分解为多个易于达成的小目标，脚踏实地地向前迈进。将这些小目标逐个实现以后会发现，成功并不是那么遥不可及。

3. 处处都是晴空

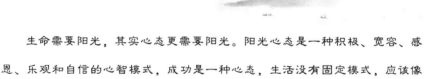

生命需要阳光，其实心态更需要阳光。阳光心态是一种积极、宽容、感恩、乐观和自信的心智模式，成功是一种心态，生活没有固定模式，应该像阳光一样灿烂。

过简单的生活是现今非常流行的一种生活方式，而这种潮流产生的根源就是对于麻烦事的恐惧和厌烦。一个人的精力和时间都是有限的，在遇到麻烦事的时候，首先要保证的就是学会不让自己的坏情绪影响自己。

人生不如意之事十之八九，如果对每一次的麻烦或者不顺心都耿耿于怀，那这些麻烦事将会对个人的情绪造成十分严重的影响。坏情绪会让成功变得遥不可及。很多人都希望能够管理好自己的情绪，但是事实上，最好的方法不是等坏情绪来了才去排解，而是调整自己看待事物的态度，从根源上杜绝坏情绪的产生。

在科学史上，有这样一个故事。德国著名的化学家弗因德里在某一天因为头痛难忍而一整天的情绪都很坏。此时，他在书桌上看到了一位青年寄来的一篇论文，希望能够得到他的指导。初次拿来看的时候，弗因德里觉得文中完全是些奇谈怪论，顺手就把这篇论文丢进了纸篓。没过几天，他的头痛好了，心情也大好，而他想起那篇论文中的言论又有点意思，于是连忙把那篇论文拣出来重新读了一遍。在细读之后，他发现这篇论文有很大的科学价值。于是，他马上写了一封信，将这篇论文推荐给了一家很有名的学术刊物。这篇论文一经发表，在学术界引起了很大的轰动。这篇论文的作者也因此进入了一流的研究机构，最后成了一名诺贝尔奖的获得者。

后来，弗因德里笑谈说，他差点因为一时的坏脾气而影响了学术的发展进程。当然，即便是没有弗因德里的推荐，这篇优秀的论文迟早也会被发现。只不过如果没有坏情绪的影响，这一切会来得更加自然。

当一个人因为很小的麻烦事而产生坏情绪的时候，这种情绪是可以传染的，这样就非常容易陷入恶性循环之中。

韩琦是北宋时期的三朝名相，他之所以能够得到历代皇帝的信任，除了自身具有的安邦治国的本领之外，当然还少不了他独特的人格魅力。这种人格魅力的来源就是他对情绪的控制力。

韩琦的家里珍藏着两只用美玉制成的杯子，这两个杯子做工精巧，价值连城。他十分喜欢这两只杯子，平时都放置在特定的盒子里珍藏着，只有闲暇的时候才会拿出来细细观赏。

一天，一位好朋友到韩琦家里玩，希望能够欣赏玉杯。韩琦让仆人把玉杯小心翼翼地放在铺着绸缎的桌子上，朋友也对这两只玉杯赞不绝口。就在这时，发生了一件谁也不愿意看到的意外，仆人在端茶水的时候不小心扯到了绸缎，两只玉杯掉在地上被摔得粉碎。当看到仆人跪在地下捧着玉杯的碎片泪如雨下的时候，韩琦笑着对朋友说："凡是物品都有毁坏的时候，只可惜后世的人欣赏不到如此精美的玉杯了。"说罢，韩琦扶起仆人说："杯子碎了就碎了，你也不是有意为之，下去吧。"

这个故事有很多种解读方式，大多数人的理解无外乎从宽容和豁达的角度出发。但是，如果深挖的话，这其实就是在遇到麻烦事时的处理方式。在悲剧已经无可避免的情况下，尽量不要让坏情绪对你的生活产生影响。

当麻烦事接踵而至的时候，勇敢去面对一切未知的结果。不要轻易地去诅咒抱怨，因为当你咒骂的时候，其实就已经将坏情绪带到了自己的心境之中。很多时候，你越惧怕麻烦，麻烦就越充斥在你的周围，因为心态一旦起了变化，就会引起连锁反应。麻烦事就像石头，在人生的路上，在遇到泥泞道路之时，它们将是绝佳的垫脚石。

4. 简单的生活最享受

简单的生活，淡泊的生活，俭朴的生活，也许就是这个世界上最愉快的生活。

心有不满但无处可泄，所以称之为气。总有人不断地生气，也有人因为生气而陷入灰暗的人生之中。克制的力量仿佛是一个巨大的胃囊，能够将不满和容忍一并消化掉，且吸收其中的营养帮助我们成长。

生活中，我们常常会遇到这样一类人，他们有着极为发达的计算能力。他们知道哪家副食店的东西便宜，知道哪家的餐厅给的菜量足。我们对这一类的人有一个统一的称呼"会过日子的人"。按理说，这样的人应该生活得比较自在和如意。事实上，生活中的这一类人生活得并不幸福，也很少有成大事者。究其原因，是因为他们将自己的生活想得太过复杂和斤斤计较。

当一个人习惯性算计或者说习惯性想太多的时候，生活就会变得异常沉重。而恰恰是那些做事不计较、有所为有所不为的人通常会生活得比较快乐和富足。人人都希望自己能够在生活中收放自如，但这需要智慧才能够实现。

苏格拉底曾被誉为世界上最聪明的人之一，在他的生活中处处体现出了简单的生活智慧。在他还是单身时，他和几个朋友一起挤在狭小的屋子里，夜晚睡觉的时候连转个身都非常困难，但是苏格拉底总是很开心。被人问及原因，他说朋友们在一起可以随时交换思想，交流感情，是一件很快乐的事情。后来，他的朋友们都先后成了家，搬离那个小屋子，只剩下苏格拉底一个人了。但是，苏格拉底每天还是很快乐。大家又不明白了，他一个人孤孤单单的还有什么可快乐的。他却说："朋友们都走了，我就可以安静地看书了。一本书就是一个老师，每天都能向它们请教，难道不是一件很快乐的事情吗？"

几年以后，苏格拉底也成了家。当时他住在一个小楼的最底层，应该属于最差的地方，不仅安全得不到保障，卫生状况也很让人担心。但是，苏格拉底依然很开心，坚持认为住在一楼有诸多的好处，比如进门就是家，不用爬楼梯，搬东西比较方便，等等。一年以后，因为住在顶楼的一个人腿脚出了一点问题，苏格拉底就和他调换了位置，住到了楼房的最高层。同样，他一样觉得很开心，按照苏格拉底的解释：爬楼梯可以锻炼身体，住在高层光线好，没有他人打扰的情况下可以很安静地看书写文章等。

后来苏格拉底成为了大学问家，一个人向他的得意门生柏拉图询问如何才能获得快乐，柏拉图回答说："决定一个人心情的，不在于环境，而在于心境。"快乐不是因为拥有得多，而是因为计较得少。因为一旦计较得过多，总会遇到不如意的情况，而这样就很容易心生怨气，很容易分心，导致最后无法专注于一件事情之上。

小娟是一位都市白领，高学历、高收入，人长得也很漂亮。在别人的眼中，她的一切都是那样的完美，让人羡慕。

上班的时候，她会用不同的着装风格来打扮自己。在众多的赞扬声中，她总是认为自己不够完美，而虚荣心也越发地膨胀。为了让自己看起来更加光彩夺目，她开始购置名牌皮包，高档化妆品……甚至因为有人说她鼻子不够完美的时候去做整形手术。周围的赞扬越来越多，但是她却一天比一天不快乐。

在和朋友的聊天中，她也知道自己生活得很累。别人关注的只是她光鲜的外表，从来不会在意她疲惫的内心。她曾经试图让自己的生活变得简单，但是她又实在无法舍弃别人的赞誉。

由于内心的负担过重，原本很漂亮的她也变得憔悴了很多，对生活也逐渐失去了乐趣，时常唉声叹气，甚至有些悲观厌世了……

小娟的生活原本可以过得很简单、很快乐，但是，由于她把自己的生活折腾得复杂无比，最终动气伤身。太多的想法由于心头的一座火山，在累积到一定程度后就很可能伤人伤己。不要想那么多，让自己的生活变得简单，这样才能体会到生活的真谛。

一个渴望成功的人一定懂得将事情变得简单、不要计较太多的道理。美国作家梭罗曾说过："我们的生命都在芝麻绿豆般的小事中虚度，如果没有值得努力的目标，一生也就这样匆匆过去了……"

生活中确实有很多小事让人感到苦恼和无奈。一个人抓住这些小事紧紧不放的话，那么就在无形中夸大了小事的重要性，同时加重了自己内心的负担。

5. 驾驭欲望，做生活的主宰者

人生道路很长，我们要做生活的主宰者而不是让生活主宰我们。

经常听到有人扼腕叹息，当初如何如何，现在就怎样怎样。对于这样的追悔，除了给他人增添谈资以外，还有什么作用呢？阻止一个人前行的，往往不是因为路有多艰难，而是心已经被其他的欲望牵绊。对于一个对成功怀有渴望的人而言，最后的选择权永远在自己身上。沉溺于惋惜过去的人，往往是因为自己有无法释怀的欲望。

有一位登山者希望在有生之年攀登上珠穆朗玛峰。于是，他从小就非常勤奋地练习登山，从周围的小山逐渐攀登上了附近的高山，又逐渐慢慢攀登上了其他的山峰。在这个过程中，随着声名远播，他被鲜花簇拥，渐渐远离了训练过程中的石头和灌木丛。他的头顶不再是烈日和雨水，而是不断闪烁的镁光灯。

从未有过这般待遇的登山者一下子没有了方向。他突然觉得自己喜欢上了现在的生活：衣食无忧，生活在众人的关注之下。

过了几年，人们对登山家的热情早已"消费"一空，他也没有了供人谈论的价值，于是，他很自然地就被冷落到了一边。而此时的登山者只能望着高耸入云的珠峰哀叹，因为他已经过了攀登珠峰的黄金年龄。此外，多年没有系统训练后的身体早已经不适合登山，这也就意味着他一生的梦想只能化作叹息。

这件事不能简单地评判谁对谁错，难道是那些记者毁了登山者的一生？貌似是这样的，但是这真的就是最终答案吗？年少成名的登山者有很多，最终成功登上珠峰的也大有人在，为什么他们能成功呢？

当你把原因归结到别人身上时，那只是不敢正视自己欲望的一种托词。欲望既是天使也是魔鬼，横亘在我们面前的一般都有两条路，一条狭窄悠长，一条则鸟语花香。在岔路口，每个人的选择都无可厚非，但最终能够成功的往往是选择狭窄悠长道路的人。

古人教导我们无欲则刚，但是又有多少人能够做到弃绝所有欲望呢？有欲望才会有动力，但是只有那些能够驾驭欲望，不被欲望侵蚀的人才能够看得清自己真正的目标。而一旦成为欲望的奴隶，就会被欲望绊住前行的步伐，最终只落得悔恨不已。

作家李准在报告文学《两个青年人的故事》中曾有过这样一段描述。

杨乐到了北大数学系后，学习更努力了。他和张广厚每天学习演算 12 小时，他们没有过星期天，没有过节假日。"香山的红叶红了"，就让它红吧，我们要演算题。"中山公园的菊花展览漂亮极了"，就让它漂亮吧，我们要学习。"十三陵发现了地下宫殿"，真不错，可是得占半天时间，割爱吧。"给你一张国际足球比赛的入场券"，真是机会难得，怎么办？牺牲了吧，还是看我们案头上的数学竞赛题吧！

正是在强烈地学好数学的决心的召唤下，杨乐和张广厚克制住了自己玩乐的欲望，这是他们在数学领域中能够创造出重大成果的重要原因。不可否认，他们在数学天赋上或许高于其他人，但是他们能克制欲望、专心前行的态度也是他们能够出类拔萃的重要原因。萧伯纳曾说过："自我控制是强者的本能。"生活的强者一般都会自我控制欲望，抵制那些与目标无关的诱惑。

　　在土地上种上了花，野草就不会疯长。在心底有坚定的目标，脚步就不会被欲望阻挡。人们羡慕那些最后站上领奖台的人，却并不知道他们为了能够到达那一刻付出了多大的代价。在行走的过程中，坚定的目标就是最好的导航灯，拒绝不必要的欲望就完成了自我的升华。没有人会嘲笑一个为目标坚持走下去的人，相反，人们会对那些为了一时的欲望而走进岔路的人感到惋惜。

　　从相同的起点出发，最后能到达目的地的，终究只是少数。而这些少数往往就是能够发现新大陆的人，最终能够改变自己、改变世界的人。

6. 方向错了，停下来就是前进

没有一个人的生活道路是笔直的，没有岔道的。如果你走错方向了，记得停下来就是前进。

很多人觉得痛苦，觉得自己不快乐，其中大部分原因是追求了错误的东西，让自己的欲望将心灵封闭。过于执着的追求会让你心灵蒙尘，看不到事情原本的美好。《老子》第四十六章有言："祸莫大于不知足，咎莫大于欲得。"这句话的意思是说，灾祸没有比不知满足更大的，过失没有比贪得无厌更严重的。

打开现实中的锁链需要的是一把钥匙，打开心灵上的锁链同样需要一把钥匙，而这把钥匙并不需要别人来打造，它就藏在每个人的心中。钥匙的名字叫作静心。为什么人们觉得孩子是最快乐的，因为他们的要求往往单一而纯粹，没有其他的干扰。举个简单的例子，对于一个喜欢零食的孩子来说，一座金山也不如一包糖果能令他快乐；对于一个喜欢在野外玩耍的孩子而言，漫山的花草胜过满屋子的高级玩具。

师父带着徒弟外出游历。走到半路上的时候，突然有一棵大树倒了下来，横在大路的中间。来往的行人和车辆都很不方便。徒弟对师父说："把这棵大树移开吧，方便以后的行人。"可是这棵大树实在是太重了，师徒两个人合力扛着这棵树也累得气喘吁吁。

经过一番努力之后，师徒两人终于将这棵大树放在路的一边。徒弟心情很轻松地对师父说："这棵树真重，把它从肩膀放下来的那一刻真的很轻松！"师父借此开导徒弟说："在我们的心中，或许有的执念比这棵大树还要沉重，但有人却扛了一生。如果能够静心放弃那些不必要的执念，那我们才能获得真正的轻松。"

其实在很多时候，我们一直都是扛着众多的执念在前行，很少去想我们真正需要什么。有追求并没有任何的过错，而一旦将某种追求当成不可或缺的执念的话，那些在欲望中挣扎的人肯定会获得更多的烦恼，甚至是死亡。因为当欲望大于生命的时候，生命遭遇威胁则成为一种必然。

曾经有一片广袤的土地，农民为了能够更好地浇灌庄稼，就在当地开凿了两条河，一条小河，一条大河。

刚开始的时候，无论大河还是小河都能够勤勤恳恳地浇灌着土地，河两岸的庄稼都有着不错的收成。可是有一天，大河觉得这样的生活太没有意思了，它要选择去远方。在大河的心里，它认为自己应该走得更远，这个穷乡僻壤并不是自己的久留之地。于是，这条大河聚集起了浑身的力量，一次又一次地冲向了远方未知的土地。它坚韧地越走越远。当它回头看着身后越来越远的小河时，不由得感叹道："小河也太没有追求了。"

非常遗憾的是，大河流到了一望无际的沙漠之中，所聚集起的那点河水很快就蒸发完了。

小河依然每年任劳任怨地灌溉着两岸的庄稼。随着农民丰收的成果越来越丰厚，人们将小河的河道拓宽了很多，比原先的大河还要宽几倍。而小河所滋润的土地也开始养育更多的人口。

很多年以后，当地越来越繁荣。小河也逐渐被当地人称为"母亲河"，而那条曾经的大河已经没有人记起了。

这则寓言故事中的大河其实就是人们心中某些欲望的真实体现。当欲望太过强烈的时候，也就是最容易迷失的时候。看不清真实的自己，执着于追求那些错误的东西，不仅会徒劳无功，让自己陷入无法自拔的境地，甚至会断送自己的性命。

正如人们常说的那样，在出生的时候，我们两手空空，什么也带不来；当我们死亡的时候，依然是两手空空，什么也不会带走。如果将太多的执念或者欲望堆积，那么这个人的生活要么变得非常累，要么就变得非常无趣。

凡事要有一个度，如果不懂得节制，本想追求更好的生活，最终却会丧失一切。对于生活中的智者而言，在面临五彩缤纷的诱惑时，选择静心，把握好内心的尺度，忍住那些超出自己实际能力需求的欲望，才能将命运掌握在自己的手中。

有一家公司，在城市偏僻的地方买了一块地皮，由于价格低廉，公司老板非常满意。

老板买完地皮之后就开始投资建造一座豆奶加工厂，他认为这是一个低投入高回报的行业，自己一定能成功。但是事与愿违，公司从兴建伊始就开始亏损，远没有当初计划得那么好。但是公司老板不愿意放弃，继续投入了几十万资金。他相信，过不了多久，公司就会峰回路转，实现预计的盈利目标，可没想到几十万又打了水漂。

当有人劝老板放弃的时候，老板总是说："我已经投入这么多钱进去了，我一定要获得回报。"

事实上，当时豆奶市场在当地已经饱和了，而他的公司又是一家新兴公司，根本没有品牌竞争力。最后，老板为了豆奶公司倾家荡产，没有赚到一分钱，令人扼腕叹息。

这位老板的失误首先在于投资的方向上出了问题，但是最大的失误其实是不愿放弃的心态，在明明知道已经无法获取成功的时候，还是咬定一切不放弃，试图逆转。当方向出现错误的时候，选择快马加鞭只能与目的地的距离越来越远。如果能够早点明白这个道理，放下对错误的执着，静下心来去想想最初的方向，悲剧就不会上演。

一往无前是一种勇气，但是在前行的道路上一旦遇到各种不如意，是要继续往前还是审时度势，做一次转身呢？

人生的美好有很多种，有执着之美，有拼搏之美，同样也有转身之美。一次睿智的转身，曾经聚集的目光可以看到周围摇曳多姿的风光，曾经紧绷的神经也可以得到松弛，曾经看似无望的生活也会呈现出新的道路，让人追求新的美好。

有一位留美博士，从小学到大学，从国内到国外，学业一直都名列前茅。回国以后，他顺利地进入一所著名的大学。工作以后，他依然十分勤奋，整日忙碌着课题的申请、研究、答辩和验收。开不完的学术会议，赶不完的学术论文，除此之外，他还要给本科生和研究生上课。在一切空闲的时间，他的身影总是出现在实验室中。在他的生活中，"忙"是最常用的字眼，加班到深夜都是常事，很多时候连吃饭都成为一种负担，方便面成了他最常吃的一种食物。

在这样高压的情况下，他的学术研究成绩斐然。在不到 40 岁，他就成为学院里最为年轻的教授，各种荣誉证书塞满了抽屉。在学生看来，他是一位尽职尽责、学识渊博的好老师；在同事看来，他是一个作风严谨、学术功底扎实的好同事。但是在父母的眼中，他是一个十足的工作狂人，连着几个春节都很少回家，甚至没有时间去相亲。朋友眼中的他则是一个志存高远、令人钦佩，但是生活单调到近似枯燥的人。

突然有一天，他晕倒在实验室里，诊断的结果让人吃惊。长期的生活不规律和过度疲劳让他的脏器受到很大损害，如果不进行调养，很快就会有生命危险。其实早在两年前，他的身体就已经对他的行为表示了抗议。只是他当时根本没有在意，认为自己还年轻，身体底子较好。甚至连学校组织的每年例行体检，他都没有时间参加。

躺在病床上，这位年轻有为的教授突然觉得有些后怕。长期以来，勤勤恳恳、勇往直前一直是他人生的信条，而他从没有想过转身看看周围的风景。

调养几天以后，他到学校请了一年的假。在这一年里，他陪老妈去菜市场买菜，陪老爸到小区里健身，闲暇的时候背起旅行包自己旅游，在旅游的过程中还结识了一个美丽聪慧的女子……

一年以后，重新回到工作岗位上的他神采奕奕，好像完全换了一个人。虽然工作依然很忙碌，但是他觉得生活充满了希望。

随着生活节奏的加快、生活压力的剧增，人们的脚步变得更加匆忙。在不断前行的时候，很多人却忘记了转身。一次小小的转身，与其说是对现实的一种无奈妥协，不如说是对自我过往的一次审视。停下来，认真看看周围的风景，就会看到一个全新的世界。

　　无论身处何地，无论此时此刻一个人的处境有多么艰难，一定要学会适时地转身，这将把我们从苦闷的情绪中解脱出来。

　　马克•吐温是美国著名作家，但是在他成为作家之前却是一个十足的失败者。在马克•吐温的心中，他的最大理想就是成为一名出色的商人。在马克•吐温45岁之前，他靠爬格子发了点小财，并有了点名气。正在这时，一个叫佩吉的人来敲他的门，希望他能够投资打字机的生意。但是这个人却是一个十足的骗子，只会不断地向马克•吐温要钱，最后马克•吐温赔进去了19万美元。

　　马克•吐温50岁的时候。他的名气更大了，他所写的书有不少都成了畅销书，人们争相购阅。出版商看准这一行情，争相出版他的作品，因此依靠着他的作品而发财的大有人在。

　　眼看着自己辛辛苦苦写出来的作品，其出版收入大部分落入出版商的腰包，自己只拿到其中很少的一部分，马克•吐温感触很深。他时常自己想："为什么我不自己开个出版公司，专门出版、发行自己的作品。这样我不用受出版商的盘剥，自己也能够挣上一大笔钱。"恰在这时，他手头有6部作品即将脱稿。他细算了一下，如果把它们交给出版商，最多只能得到3000美元的稿酬；如果自己出版，至少可得25000美元的收入，二者相差8倍之多。他决心自己出版自己的作品，开始从一个作家到出版商的转变。

但是他写书还行，对出版行业却一窍不通。这个出版公司勉强维持了 10 年，最后在 1894 年的经济危机中彻底破产。马克·吐温为此背上了 9.4 万美元的债务，他的债权人竟有 96 个之多。

　　这两次的经商经历总共赔进去了约 30 万美元，他把多年积累的稿费赔了精光，并且负债累累。马克·吐温的妻子奥莉姬是一个非常聪明的女人，她深知自己的丈夫并没有多少的经商才能，但有很好的演讲和写作才能，于是制订了一个可行的还款计划，终于使得马克·吐温免于债务，摆脱了失败的痛苦，在文学创作中也取得了更好的成就。

　　一次简单的转身其实并不容易。但在面临转身的时刻，一定要果断勇敢。机遇有很多，但是从来就不是为那些观望者预留的。看到机遇的时候，一定要果敢，不要浪费有限的时间和精力。因为当一个人考虑再三的时候，机会很可能已经溜走，成功也与之擦肩而过了。

7. 无意于得，就无所谓失

舍得,舍得,无舍怎得! 古语云,鱼与熊掌不可得兼。世界上没有什么两全其美的事。

在经济学中有一个非常著名的名词叫作机会成本，是指为了得到某种东西而要放弃另一些东西的最大价值。简单地说，就像一个人不能同时跨入两条河流一样，选择一样也就意味着放弃了另外一样。

多数人习惯在得与失之间的辩证讨论中寻求一种平衡，但是当选择了一种方式孤注一掷的时候，结果却一无所获，便心生懊恼。曾有一句话被引用的范围相当广泛："得之，我幸，不得，我命，仅此而已。"其实，在追求的路上，得不到才是常态。种下的每一粒种子不一定都能够收获理想的果实，也不是付出的每一份真心都能够换回想要的笑容。在理想达不到预期的时候，又该如何处理呢？

传说在一个部落，人们用一种很简单的方式来捕捉猴子，那就是在猴子经常出没的地方固定一些木箱，在木箱里放上猴子爱吃的水果。当猴子闻到水果的香味时就会用手来拿。聪明的猎人在箱子的上部开一个小口，而这个小口的大小恰好是猴子能够伸手去够，但是抓住东西却无法拿出的大小。一旦猴子伸手去抓水果，它即便是看到猎人来了以后也不会将到手的水果扔掉，情愿被猎人轻易俘获。

其实，人和猴子都有一种不放手的心态，当付出与回报不成正比的时候，人就很容易失去平衡。而要维持这种平衡，则要有放手的心态。

学不会放手，有很多时候不是不明白，而是不愿接受或者相信已经失去的事实。正是由于这个心理，所以选择了自我欺骗，在谎言的牢笼里无法自拔。学会放手，从来就不是说一句放下了就真的可以放下，当我们给自己的心上了一把锁的时候，钥匙其实就在自己手中。一个抱残守缺、不愿向前看的人只能在伤春悲秋的角落里哭泣。

有这样一个青年，他从小就立志当一名作家，为了达到这个目标，他每天坚持写作。十年如一日，他总是不断地练习，但是始终没有等到梦想成真的那一天。他用钢笔写下的手稿始终也没有变成铅字。

直到 29 岁那一年，他收到了一封来自编辑部的信件。可惜这并不是一封稿件被采用的信件，而是一封退稿信。杂志的总编在信中写道："虽然你很努力，但我不得不遗憾地告诉你，你的知识面过于狭窄，生活经历也显得相对苍白……但我从你多年的来稿中发现，你的钢笔字越来越出色……"

收到信件的年轻人最终成为当代非常著名的硬笔书法家。关于成功，他有着自己的理解："一个人能否成功，理想很重要，勇气很重要，毅力也很重要。但更重要的是，人生路上要学会选择，更要懂得放弃。"

如果没有果断放弃，这位书法家也许还是一位追求梦想的文学青年。当面对实现不了的欲望时，痛定思痛，果断放手才是勇敢的选择。有人说，坚持不放手就会有得到的那一天，所以，我们常常看到已经分手的情侣依然苦苦纠缠对方，徒增双方烦恼。

如果不懂得放下那些得不到的欲望，就很难会珍惜身边的美好。这样的结果用一个词语来形容就是雪上加霜：自己想要的追求不到，而原本就拥有的也不去在意。很多人在回顾自己一生的时候，总是有这样的感叹：轻易地放弃了本该坚持的，却固执地坚持了本该放弃的。

懂得放手从来就不是一种软弱和逃避的表现，而是一种审时度势的智慧。不是每一次努力都能换到预期的效果，有时候得不到的欲望就像鸡肋，既然无味，再啃下去也没有多少实际意义。面对一条已经无路可走的死胡同，人们都知道转身，但是面对无法得到的欲望，又有多少人能够认清放手的价值呢？

什么都想抓住，最终的结果就是什么也抓不住。成功在很多时候就像是一只只漂亮的蝴蝶，当你奔跑着想抓住它们的时候，往往不会有好的结果；而当你放弃占有的欲望，摊开双手时，蝴蝶很可能就会降落在你手上。

8. 寻找快乐，放飞心灵

人之所以会心累，就是常常徘徊在坚持和放弃之间，举棋不定。生活中总会有一些值得我们记住的东西，也有一些必须要放弃的东西。

"一箪食，一瓢饮，在陋巷，人不堪其忧，回也不改其乐。"这句话常常被用来称赞那些品德像颜回一样高尚的人。其实这句话还可以这样理解：每个人真正需求的其实并不多，很多时候感觉不如意恰恰是我们想要的太多。

年轻的时候蜗居于城市一角，渴望着能够在钢筋水泥的城市里有一间自己的小屋，后来小屋变大屋，大屋变复式，复式变别墅……可是夜晚真正用来睡觉的地方就是那一张床而已。这当然不是说要否定奋斗和进取的价值，而是希望人们能够看到一些自己真正想要的东西。每个人都渴望成功，如果把成功看作一次长跑，只有那些负重最少的人脚步才会更加轻盈，才会更快地到达目的地。

我们常常要透过别人来认清自己，这就是所谓的以人为镜。但是，既然是镜子，就有可能变形或者扭曲。当镜子已经不能反映真实的情况，这时候所依靠的就只能是自己，依靠自己的敏锐感觉来看清楚自己原本的样子。每当你觉得快乐和满足的时候，都应该跳出来清楚地看一下自己，想想这个时候被刺激、被满足的究竟是什么。只有常常询问自己，才能和自己保持一定距离，有了距离，才能够清楚地看到那个状态下的自己。

一个作家曾经写过跑马圈地的故事：有一个人想要得到一块土地，土地的领主对这个人说，清早的时候你就从这里往外跑，跑一段就插个旗杆。只要你能够在太阳落山之前归来，插上旗杆的土地都归你。于是，这个人便拼命地向前跑，直到太阳偏西的时候还没有回来。第二天，人们在一个很远的地方发现了他的尸体。发现他的人就地挖了一个坑，将他掩埋。在牧师做祈祷的时候说："一个人要多少土地才能满足呢？死后所占的也就这么大。"

超出实际需要的欲望就像一粒种子，它也会生根、发芽、逐渐成长。这种欲望一旦开枝散叶，将是压在心头的重大负担。这种负担最终会成为阻碍自己前行的沉重脚镣。所有人都期望在前行的时候能够轻装上阵，但是面对五光十色的诱惑，有多少人能够坚守底线，做个目标坚定的前行者？

记得以前和妈妈一起逛超市是一件痛苦的事情，妈妈总喜欢去特价区"淘宝"，无论是廉价的厨房用品还是日常家居用品，每次都是满满当当的一大包。而要把这些运回家，着实需要花费一点工夫。每到过年的时候，总能够从储物室里找出一大堆用不着的物品。这些物品大部分都是妈妈从超市运回来的。问及妈妈，"便宜，可能会用得着"是妈妈的挡箭牌。

其实细想，真的有那么多的东西是自己确确实实需要的吗？真的有那么多的追求是我们不得不去努力实现的？现在很流行一种说法，就是倡导一生中不得不读的图书、不得不看的电影、不得不去的地方，好像不去做的话人生就是一种不完整。但是很多人真的做了以后，并没有得到预期的快乐。真正的快乐不是建立在对欲望的满足上，而是植根于内心的平静。自己真正需要什么，不是依靠他人提供指南，而是遵从自己的实际需要。

我们来到这个世上，两手空空，一无所有。人的一生在很大程度上就是一个做加减法的过程，有人得到了，就想要更多，不停地做着加法，最终的结果就是累死在路途中；而成功的人总是在做加法的同时也做减法，不断放下自己不需要的欲望，减少心灵上的负担。这样的人会有足够的精力和时间来欣赏一路的风景，而不是为了欲望而劳碌不停。

放弃与坚持，是每个人面对人生问题的一种态度。勇于放弃是一种大气，敢于坚持何尝不是一种勇气。孰是孰非，谁能说得清、道得明呢？如果我们能懂得取舍，能做到坚持该坚持的、放弃该放弃的，那该有多好。

人生是一个不断追求、不断放下的过程。得不到的东西，再追求，除了累己，也会累人。

古人说："如何向上，唯有放下。"人生亦是如此，想要活得轻松，就必须学会放下，学会坦然面对世事。

正所谓"提起千斤重，放下二两轻"。放下，是一种解脱，是一种顿悟，是一种从容潇洒的心态；放下，有时还是一种气度，是一种风范，是一种从容不迫的智慧。一个人只有学会放下，心灵才能得到轻松、得到快乐，才会有更多的空间来装填其他必要的东西。

"有缘即住无缘去，一任清风送白云。"人生有所求，求而得之，我之所喜；求而不得，我亦无忧。若如此，人生哪里还会有什么烦恼可言？苦乐随缘，得失随缘，以"入世"的态度去耕耘，以"出世"的态度去收获，这就是随缘人生的最高境界。

人之所以不幸福，就是没有知足心。每个人对幸福的感觉和要求都不相同，一个容易满足、懂得知足的人才更容易得到幸福。曾经看到过这样一句话："幸福就如一座金字塔，是有很多层次的，越往上幸福越少，得到幸福相对就越难。越是在底层越是容易感到幸福；越是从底层跨越的层次多，其幸福感就越强烈。"幸福其实就是一种期盼，是一种心灵的感受。只要我们用心去发现，用心去感受，你就会发现幸福就在我们身边，只是这样的幸福常常被我们忽略。

有一个年轻人准备做一次长途旅行。在出发之前，他察看各种攻略，把一切能够想到的东西都带上了。于是，出发的时候，这个年轻人身上背了一个沉重的背包，在这个背包里面塞满了各种各样的东西，比如食品、切割工具、衣服、指南针、药品等。看到这些东西，年轻人觉得非常满意，他认为这次旅行已经做到万无一失了。

一位智者看到这位气喘吁吁的年轻人，在检查完他的背包之后，问了一句："这些东西让你感到快乐和轻松吗？"年轻人有些发愣，这是他从来没有想过的问题。他开始问自己，也开始检查背包里的东西，结果发现，有些东西的确让他很快乐和安全，但是，有些东西在他这次的旅途中并没有多少的实际用途。

于是，年轻人决定听从智者的告诫，舍弃了一些不必要的东西。因为背包变轻了，他感到自己身上的负担也没有那么重了，解放的双眼能体会到旅程中的方便与惬意，旅行变得更愉快。

这个年轻人就是真正聪明的人，因为他懂得放弃。他放弃了沉重，获得了轻松；放弃了束缚，获得了愉快。

有人说："得不到的东西永远是最美丽的。"既然明知不可能得到，又何必为此朝思暮想呢?不如面对现实，彻底把它放弃，同时也给自己一个追求新目标的机会。"为伊消得人憔悴"，是否真的能够做到"衣带渐宽终不悔"呢?不如把这份美丽长存心中，好好珍惜和享受一些已经拥有的美好。人生如果不懂得放弃不属于自己的东西，就不会珍惜身边的美好并拥有它，结果就会弄得想要的追求不到，本来拥有的也失去了，将可能变得一无所有。不过于强求，任其自然，往往在不经意间就能找到真正适合自己和属于自己的东西。

9. 忙里偷闲，做生活的主宰者

一个不会适时休息的人，只是一台工作机器，连上帝也不欣赏。

大哲学家亚里士多德曾说过："放松与娱乐，被认为是生活中不可缺少的要素。"遗憾的是，很多人一再强调自己有多忙碌，忽略了放松与娱乐，结果让自己身心疲惫，甚至心烦意乱，更别提走好以后的路了。

有一位商人，邀请朋友到家做客。整整一个晚上，他都在对朋友倾诉他的烦恼和买卖上的激烈竞争。他谈到自己在孟买和土耳其的财产，谈到他所拥有的土地，还有他的咖啡，还取出从印度买回的珠宝让朋友欣赏。

"我明天又要出门做生意了，等这次生意做完，我可要好好休息一下。做生意做了这么多年，我早就感觉累了，想好好休息了，这是我目前最想做的事，但是现在我需要把中国的麝香运到波斯去，听说波斯贵族非常喜欢中国的麝香。然后我再把波斯的地毯运到罗马，再从罗马购买一些雕塑，用船运到印度，再从印度买大批香烛运回波斯，等这些做完我就可以休息了。"大商人虽面带倦色，可仍滔滔不绝地向朋友谈论他的计划。

朋友笑着问："你刚才所说的生意，要用多长时间才能做完呢？"

商人说："最快也得一两年吧！"

朋友叹了一口气，说道："那你最想做的事——休息，又要等两三年了。现在你都已经觉得很累了，到时候你岂不是已经累垮了？为什么不现在先休息一段时间，然后再出门做生意呢？"

当工作很疲倦时，休息才是最重要的事。一个不会适时休息的人，只是一台工作机器，连上帝也不欣赏。所以，为什么不在疲惫的时候静下心来，忙里偷闲一下，帮助自己调整身心、享受生活的乐趣呢？

在自然界中，万物在春夏生长，呈现出一派生机勃发的景象；秋冬，万物沉寂，处于休眠状态。人本身也属于自然界的一部分，所以理应懂得休养生息。浮浮人生一路忙，"偷闲"是一种静心的放松状态，是一种符合自然规律的调适方式。

唐人李涉在《题鹤林寺壁》中提道："终日错错碎梦间，忽闻春尽强登山。因过竹院逢僧话，偷得浮生半日闲。"言语中透着一股子对"忙里偷闲"的羡慕，言外之意是说不要让生活羁绊着自己，我们要学着忙里偷闲，放松一下疲惫的身心。

诚然，忙碌是避免不了的，然而我们可以改变对待生活的态度。其实，所谓的忙里偷闲并不是偷懒、投机取巧，而是说要善于调剂时间，即忙碌时做好闲暇的心理准备，偷闲时又能善用其"闲"，如此便能够调节好身心的平衡，游刃有余地做好自己的事情，这样做才能成为生活的主宰者。

美国加州的一处度假村里，正在举办第三届电信行业高峰会议，几乎电信业的所有精英都聚集在了这里。每到会议休息时间，一些公司的老总便回到自己的房间，不是和助手商议方案，就是研究其他公司的资料，忙得团团转。

然而，唯独环球电信公司的老总亨得利却不一样，休息期间他会独自一人沿着度假村的忘忧湖散步，或是到花园中欣赏奇花异草。这让其他的老总以为亨得利不重视这次峰会，或是贪恋山水美景而忘了自己公司发展的大事。

然而，令所有人惊奇的是，每次会议上亨得利却始终保持着非常精神爽朗的工作状态，轮到他发言时，他思路敏捷、精力旺盛、侃侃而谈，一直是整个峰会的焦点人物。当然，他也为公司争取到了最大利益。

会议结束时，有位老总非常好奇地问亨得利："平时总见你漫不经心、游手好闲，似乎很不重视这次峰会，可一到会议上，你就精神百倍、咄咄逼人，你是不是吃了什么灵丹妙药？"

亨得利哈哈大笑，回答道："是的，我的确是吃了灵丹妙药，但我吃的灵丹妙药就是忙中偷闲，在会议休息期间去散步、去赏花，在这段时间里，我的大脑得到了很好的休息，因此，这会议我是越开越精神呀！"

亨得利之所以能够成为整个峰会的焦点人物，究其原因就在于他很善于忙里偷闲。工作时认真工作，休闲时尽情放松，进而赢得了放松与和谐的身心，成为生活的主宰者，精神百倍、自信满满。

古人云："一张一弛，乃文武之道。"忙碌与休闲都是生存之道。生活中总有做不完的事、爬不完的坡，在疲惫之时静下心来，善于忙中偷闲，让身心得到彻底的休息，从中享受到生活的乐趣，这才是理智的人。

我们要懂得享受生活，学会忙里偷闲，那么如何忙里偷闲呢？我们不妨来看看美国著名心理咨询专家理查德·卡尔森在他的《让事情更简单》一书中的建议——每天度个"迷你假"，他这样写道：

"在上班时给自己一个短暂休憩的机会，不论你在这个'迷你假期'做些什么，都会对你大有益处的。那是你的特殊时间，如果可能的话，请让它变成生活中不可或缺的一种习惯。你或许想找朋友喝杯咖啡、吃顿午餐、清晨一起去散步，或一个人上网、跑步、看日出、遛狗、静坐冥想等，只要做任何能使你放松的事情即可。'迷你假期'不仅能帮你减压，还是调整身心的重要枢纽。"

"一张一弛，乃文武之道。"忙碌与休闲都是生存之道。疲惫的时候静下心来，忙里偷闲一下，如此我们就能够调整好身心的平衡，游刃有余地做好自己的事情，精神百倍、自信满满地做生活的主宰者。

第二章
放慢脚步，播种身边的点滴幸福

人非草木，孰能无情。人与人之间相互维持关系最重要的方式之一就是建立感情。这包括思念时的苦涩与甜蜜，也有追求时的大胆浓烈，更有失去时的淡然和大度。

1. 一朝风月尽，水流花自开

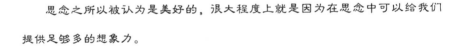

思念之所以被认为是美好的，很大程度上就是因为在思念中可以给我们提供足够多的想象力。

无论是书籍还是歌曲影视，思念是亘古不变的一个主题。思念的范围很广泛，亲人之间、情侣之间、朋友之间的只要情谊深厚，那分开后的思念是自然而然的。对于这种刻骨铭心的感觉，有人觉得痛苦异常，也有人在痛苦中品尝到了美好。

记得有首诗曾经说过，每一次的别离都是为了下一次的相聚。任何的别离都是一次无法复制的情感体验。如果说情谊如酒，那思念就是酒曲。彼此之间的情感就是在双方的思念中不断发酵、提炼，最终成为最醇和最具味道的好酒。

一对情侣，如果不经历分别，他们就不会知道彼此在对方眼中有多么重要；一对夫妻，如果不经历两地分隔，就不会明白在一起时的不和是多么愚蠢。思念之所以让有的人觉得万分痛苦，是因为他们只是单纯地将聚散离合进行了比较。而认为思念是甜蜜的人就像储备丰富的农夫，在寒冷的冬天依然有足够的食粮。

说起中国现代诗歌，有一个不得不提的名字就是徐志摩。而徐志摩与陆小曼之间的爱情经常让人感到唏嘘。一个是豪门名媛，一个是偶觉才子，在外人看来这无疑是天作之合。事实上也正是如此，二人在结合后非常恩爱。但是，由于工作的关系，徐志摩不得不在一段时间里和陆小曼分开。在分开的这段时间，徐志摩对陆小曼的思念贯穿了他这一时期的创作，无论是正式发表的诗歌，还是不便公开的信件和日记，徐志摩对陆小曼的感情思念已经不能单单用痴狂来形容了。这是徐志摩一生中最痛苦的时候，也是他创作欲望最为强烈的时候。

其实对于任何一种创作活动，距离是最好的催化剂。有了距离就会有思念，而将这种思念诉诸笔端或者画布之上，那就是最为真挚的作品。这是一种情感发泄的渠道，也是取得自我成功的一个砝码。

人们都在渴望着美好，但是美好的到来是需要代价的，而这种代价就是能否经受住时间的考验。

2. 不要为错失的阳光哭泣

人生就像一场旅行，不必在乎目的地，沿途的风景以及看风景的心情才是最重要的。

一个人如果没有了追求，也就不能称之为人了。追求是人一生中无论怎样都离不开的一种东西，它触摸不到，却深深埋藏在每个人的心中。只有那些敢于追求的人才能不惧千难万险，在人生的路上不断地奔跑。

有人说，等我得到了我追求的目标后就幸福了。事实上，当你开始不惧一切地向目标前行时，幸福就已经来临，这就是追求者的幸福。与一些有信念却不敢尝试和挑战的人相比，勇敢迈出步伐的人已经是自己人生道路上的成功者。

古代伟大的雄辩家德摩斯梯尼天生口吃，嗓音沙哑，还有耸肩的坏习惯。在常人看来，他似乎没有一点当演说家的天赋，因为在当时的雅典，一名出色的演说家必须声音洪亮，发音清晰，姿势优雅，富有辩才。

为了成为卓越的政治演说家，德摩斯梯尼付出了超过常人几倍的努力，进行了异常刻苦的学习和训练。最初的政治演说让人感到他要想在这一领域有所发展真是希望渺茫，他由于发音不清，论证无力，多次被轰下讲坛。为此，他刻苦读书学习。据说，《伯罗奔尼撒战争史》被他抄写了8遍；他虚心向著名的演员请教发音的方法；为了改进发音，他把小石子含在嘴里朗读，迎着大风和波涛讲话；为了去掉气短的毛病，他一边在陡峭的山路上攀登，一边不停地吟诗；他在家里装了一面大镜子，每天起早贪黑地对着镜子练习演说；为了改掉说话耸肩的坏习惯，他在头顶上悬挂一柄剑，或悬挂一把铁铲；他把自己剃成阴阳头，以便能安心躲起来练习演说……

任何残缺、阻碍都不足以打倒德摩斯梯尼，反而让他磨炼出坚忍的意志，以便去迎接更大的挑战。他不仅训练自己的发音，而且努力提高政治、文学修养。他研究古希腊的诗歌、神话，背诵优秀的悲剧和喜剧，探讨著名历史学家的文体和风格。柏拉图是当时公认的独具风格的演讲大师，他的每次演讲，德摩斯梯每次都前去聆听，并认真体会并总结大师的演讲技巧。

经过十多年的磨炼，德摩斯梯尼终于成为一位出色的演说家。他著名的政治演说为他建立了不朽的声誉。他的演说词结集出版，成为古代雄辩术的典范，打动了千千万万读者的心。

当生活的苦难和不幸来临时，德摩斯梯尼没有向生活妥协，而是选择了继续追求自己的梦想，积极同命运进行抗争。可以这样说，强大的信念和意志是他成功的重要因素。只要有梦，就努力追寻，别害怕它不会实现。

在成长的道路上，很多人都会感到迷茫，不知道自己要不要迈出脚步。事实上，无论前方是平坦的大道还是荆棘密布的荒原，只要坚定了自己的目标，那就勇敢地去追求。敢于追求，人生才不会有那么多的遗憾；敢于追求，人生才会有幸福可言。不管前方的道路有多么地艰险，敢于追求的人都能够坦然接受，因为他们知道自己的人生其实就是不断奋斗的过程。有时候，途中的风景比最后的目的地更加动人。

著名导演詹姆斯·卡梅隆的《泰坦尼克号》和《阿凡达》两部电影独占电影史上票房最高的电影第一、二名的宝座，创造出不可思议的票房神话。能够取得这样的成功，不仅是因为卡梅隆个人的才华，更是源于他对自己目标的执着追求。

拍摄《魔鬼终结者》时，卡梅隆还未成名。为了保证可以亲自导演自己创作的剧本《魔鬼终结者》，卡梅隆将这部电影连同它的续集一起以 1 美元的象征性价格卖给了他的制片人。而就是这样的举动，使得他收获了自己导演的第一部上亿元投资的大片，也最终顺利走上了一线导演的行列。

拍摄《泰坦尼克号》时，由于前期投入的资金已达天文数字，他所服务的 20 世纪福克斯电影公司要求他缩减预算。追求完美的卡梅隆干脆地决定放弃导演加制片人高达 800 万美元的收入，甚至也放弃了日后分红的权利——以后来《泰坦尼克号》创下的票房来算，这是一笔高达 1500 万美金以上的巨款。就这样，卡梅隆为了能够拍摄出自己心目中完美的电影，不惜放弃一切。在《泰坦尼克号》获得奥斯卡多项奖项的那个夜晚，卡梅隆说了一句话："我是世界之王。"

卡梅隆的成功绝不是简单地用才华就能概括的。每一个从事电影工作的导演的心中都有着对艺术、对梦想的执着追求，但是极少有人能够成为卡梅隆那样的导演。这其中的差别就在于对自己的追求有多强烈的信仰和坚持。

站在梦想的起点，当你勇敢去追求的时候，梦想才会有价值。不是所有的种子都能长成大树，也不是所有的追求都能获得想要的结果。但是，如果放弃追求，梦想也会发霉腐烂。等到垂垂老矣的那一天，回忆起当初往事的时候，有人微笑，有人流泪。

3. 得之吾幸，失之吾命

如果从得失的角度去看，有些道理都已经被人说得烂俗了。其实，当失去的时候，我们完全可以用一种新的方式来让自己距离成功更近一步。

如果将成功比作一个硕大无比的甜美果实，失去的东西就是帮你排除了那些不可能。一个人的欲望是无穷尽的，但是双手能握住的部分却是极其有限的。当不断纠结于已经丢失的部分时，将失去更多。

很多人将淡忘理解为遗忘，这其实是一种误解。事情一旦经历，想要毫无痕迹地抹去，基本上只是一种妄想。学会淡忘，是要求人要有正确处理失败的理智心态。在很多时候，淡忘并不意味着若无其事，而是将这种情感当作生命中所经历过的一部分，与本身自然融合。

小李曾经有一个幸福美满的家庭，她的丈夫是他大学时期的恋人，两人在毕业后很自然地组建起了自己的小家庭，一切看着都是那样美好。

然而，一场突如其来的车祸将这一切化为了泡影。小李的丈夫在一场意外交通事故中失去了生命。父母失去了儿子，妻子失去的丈夫。小李一度十分伤心，茶饭不思。虽然人们也有"节哀顺变、人死不能复生"的劝慰之语，但是小李还是无法从悲伤中解脱出来。

有一天，小李来到他俩曾经约会的公园。看到在公园嬉笑玩闹的孩童，小李不禁悲从心生。一个小女孩看到小李，稚声问道："阿姨怎么了？是谁欺负你了吗？"小李假装乐观地说："没有呀，只是把一样东西丢了。""那赶紧找回来呀。""找不回来了。""嗯，那重新买一个吧。""世上只有一个，买不回了。"小李苦笑着回答。"那……那我把我的这个玩具送给你吧，这样阿姨就不会想那个丢失的东西了。"

接过小女孩的玩具，小李陷入了沉思。她想到的不仅是陌生人对她的关心，还有小女孩对待事物的态度。没有什么是一定属于自己的，就像这手里的玩具，两分钟前还属于那个小女孩，而现在却在她的手里。而她的丈夫在认识他之前，也不属于她。即便是在一起的时候，两个人谁也不是谁的附属物。丈夫意外去世以后，她自己的生活依然要继续，就像当初没有遇见过他一样。

此后的小李就像换了一个人，虽然偶尔脸上还是会有些许的愁苦，但是笑容明显开始变多了。一个充满活力与自信的小李重新出现在人们的面前。当人们问及原因的时候，她微笑着回答："当一个道理从一个小女孩的口中说出的时候，我相信那绝对是真的。"

失去丈夫的小李如果不能从悲伤中转变过来，那很可能就会沦为现代社会里的"祥林嫂"。讲道理的时候，人人都是哲学家，而在实际的生活中，真正能够按照书本上做到的又能有几个呢？

没有人能永葆青春，也没有人能在美梦中永远不醒。当失去的东西渐渐远走，悲哀叹息又有什么作用。明知不可追而追之，结果只能是徒劳无功。

美好的东西就像指尖的沙子，无论怎样用力地去握，都会慢慢遗漏。对于那些已经遗漏的沙子，千万不要想着再去捡起，那样你丢失的将会更多。很多看似刻骨铭心的痛，当选择淡然面对的时候，会发现真的没有那么艰难。

一位德国作家兼心理医生曾经被关在集中营，可想而知那是怎么样的一种生活状态。可就算在那样的环境中，他依然做出了很多有意义的研究。后来在一次采访中谈论起往事，他说："人所拥有的任何东西都可以被剥夺，唯独人性最后的自由不能被剥夺，正是这种不可剥夺的精神自由使得生命充满意义且有目的。那一刻我所受的一切苦难，从遥远的科学立场看来，全都变得客观起来，我就用这种方法把自己超越。在困厄的处境中，我把所有的痛苦与煎熬当成前尘往事，并加以观察，这样一来，我自己以及我所受的全部苦难都变成我手上一项有趣的心理学研究题目了。"

假使没有过人的忍耐力和排解能力，相信这个人很难有如此健康的心态生活。这种淡忘不是简单地将失去的东西一笔抹去，而是换个角度重新思考。这种思考将会使他越发地接近成功的本质。

人有悲欢离合，月有阴晴圆缺。面对已经失去的东西，我们唯一能够做的就是坦然接受已经失去的事实。抱怨上天的不公平，指责别人对自己的伤害并不能让时光倒流，伤痕也不会因为愤怒而愈合。如果将个人的得失看得太重，那么就会陷入一张无形的大网之中无法自拔，等于自己给自己建造了一所心灵监狱。如果我们能够在失去时选择一份淡然，以一颗平常心去感受生活，便可以获得一份优雅美丽的心境，获得自由随性的生活状态。

苦是一种滋味，更是一种态度。愿意吃苦的人都是能够坚持的人，敢于吃苦的人才能够在芸芸众生中脱颖而出。泪水和汗水成分相似，但汗水带来的将是成功的喜悦。

人生得意须尽欢，那么人生失意的时候又该如何呢？恐怕没有人会喜欢失意，但失意总是在不经意间潜入到我们的身边，让人猝不及防。

在失意的时光里，又有哪些方式可以选择呢？很多人都将失意比作一块石头，只不过有人将这块石头当作自己前行的路障，有人将这块石头当作磨砺自己的工具。不要轻易地去诅咒失意，因为它是时间送给所有成大事者最重要的一份礼物。至于能否理解这份礼物的价值，那就看不同人的选择了。

刻意强调失意的人挥不去的往往是一个心结，这个心结就是"如果得意"。人生没有那么多的如果和可能性，既然已经遭受了失意之苦，那最现实的办法就是想办法来排解。

如果将自己的生命比作茶叶，那么人生的起起落落就是一壶沸水。茶叶因为沉浮才释放了本身的清香，而生命也只有在不断的成功和失败中沉浮，才激发出人生那一脉脉幽香!

在失意的时刻，要相信这是暂时的，更要相信这是生活给予自己的一份历练。没有人会一直得意，更不会有人一直失意。失意的时光是最值得玩味的，因为它是最为纯粹的。失意的时刻，人往往是最冷静的，这当然也是一个失意的人奋起的时刻。

王明曾是一家公司的高管，职位很高，收入也很好。但是在一次决策中，王明作出了错误的判断，给公司带来了严重的经济损失，最终让这家公司资不抵债，最终倒闭。一时间，王明在行业内也被人们当作失败的典型。

在经历过打击之后，王明痛定思痛，认真反省决策中的失误，寻找新的经营方式。王明选择了一家小公司继续上班，并且从最底层的职员开始做起。由于有着很好的业务能力，王明很快就成为公司中层的一名管理人员。

历史惊人地相似，王明现在所在的公司遇到了他上一个公司同样的决策难题。在这个时候，王明拿出了详细而可靠的解决方案，并且向领导坦言自己在以前公司时所犯下的错误。最终，新的公司领导认同了王明提出的方案，并且很好地解决了危机。王明也因此被重新提拔为公司的高管。

如果王明没有上次失败的积累，他将无法抓住以后的机会重新崛起。人生有很多的遭遇，这些遭遇或让人感受到成功的喜悦，或者让人品味到失败的痛苦。遭遇喜悦当然是一件很好的事情，但是在失意之时也有它独特的价值。

如果将一个人的人生比作一所大房子，在失意的时候，我们可以停下来对房子的设计进行适当的修改。这种修改其实就是对心中终极目标的一种完善。珍惜每一次能够让自己成长的失意机会，让每一次失意都变成将来成功的一个垫脚石。

仔细品读失意，因为失意之中不仅有苦涩的味道，更蕴藏着甜蜜的未来。

4. 用宽容与信任浇灌友谊之花

世界上没有两片相同的叶子，更不会有两个价值观和性格都完全一样的人。

友谊的维护不是依靠昧心的赞同和一致，而是依靠双方的理解和宽容。真正的朋友不会将自己的喜好强加于另外一个人，更不会拿自己的是非标准去评判另外一个人的行为。在真正的朋友眼中，他们不仅能够欣赏彼此的优点，更能包容彼此的缺点。

一只乌鸦和一只鹦鹉被关在同一个鸟笼里，鹦鹉觉得自己非常委屈，埋怨道："我怎么这么倒霉，和这样一个黑毛的怪物关在一起，它真是丑死了！瞧它那呆板的表情、难听的说话声音，如果谁在早上看它一眼，这一天都会倒霉的。再没有比跟它在一起更令人讨厌的事情了！"

而乌鸦也因为和鹦鹉关在一起而感到不快。它抱怨自己为什么这么不幸，竟然和这样一只百般挑剔的花毛家伙关在一起，并且感到十分伤心和压抑："这家伙怎么穿了这么一身花里胡哨的衣服，简直跟个傻大姐一样。瞧它那丑陋的嘴，居然还说些不知所云的话！吃东西的样子一点儿也不文雅，看见人来就学人家的声音，一副谄媚的姿态，简直令人作呕……"

乌鸦和鹦鹉的争吵似乎永远没有休止，虽然它们共处一个"屋檐"下，但是命中注定它们不能成为好朋友，因为它们不懂得宽容。

一个永远选择附和另外一个人，意见总是和朋友相同的人肯定不是真正的朋友。真正的朋友能够清楚地看到彼此身上的优点和缺点，并且懂得相互尊重。

在欧洲文学史上，歌德和席勒的友情长久被人传颂。在二人交往的过程中，歌德非常努力地想以自己的地位和名声帮助席勒。歌德不仅让席勒搬到魏玛来住，而且提供各种各样的帮助。这包括先让他借居在自己家，然后帮他买房，平日也不忘资助接济，甚至细微如送水果、木柴，而更重要的帮助是支持席勒的一系列重要创作活动。

反过来，席勒也以自己的才华重新激活了歌德已经被政务缠疲了的创作热情，使得歌德的创作进入一个全新的阶段。也正是在这段时期里，歌德完成了《浮士德》第一部。

歌德比席勒大10岁。当席勒还是一个小青年的时候，歌德已经名扬天下。对于后起之秀，歌德深为席勒的才华所折服。席勒在21岁的时候便以剧作《强盗》一举成名，接着又写了《阴谋与爱情》等三部风靡一时的悲剧。

在席勒成名以后，两人相处不再如从前那样自如了，感情也产生了距离。但是歌德有着十分宽广的胸怀，他非常钦佩席勒的长处——不受周围环境的影响，专心致志努力创作，同时他忘记了席勒的短处——骄傲自满、目中无人。

正因为如此，若干年后，歌德还保持着与席勒真挚的友谊。他对席勒说："你给了我第二次青春，使我作为诗人复活了。"

面对席勒的恃才傲物，歌德并没有感到自己会受到多么重大的伤害，反而放大了席勒的优点，并以此来激励自己。正是依靠着这种对朋友的宽容，成就了两人之间的伟大友谊。

有一对朋友结伴在沙漠中行走。一天，他们吵架了，一人打了另一人一个耳光，被打的那个人很伤心，他捡起一根树枝，在沙地上写道："今天，我的好朋友打了我一巴掌。"两人继续行走，他们来到了一块沼泽地。道路难行，那个曾经被打的人不小心掉到了沼泽地中，另一人拼了命地把他救了出来。这个人很感激他的朋友，他拿出一把小刀，在一块石头上刻上："今天，我的好朋友救了我一名。"

另一人看到他的行为，不禁问道："为什么你要把我打你的事情写在沙地上，而把我救你的事情刻在石头上呢？"

他笑了笑，说："沙地上的字很容易被风吹散，我希望朋友对我的伤害与误会可以像沙地上的字一样很容易就消失不见；即使风吹雨淋，石头上的字也很难消失，我希望朋友对我的好可以像石头上的字一样，一直铭刻在我的心里。"

在实际的生活中，谁都不能保证自己不犯错误，朋友之间也不例外。一位诗人曾经说过，谁想在困厄中得到援助，就应该平日里宽容待人。选择记住朋友们对自己的恩惠，不要让朋友的不好充斥在自己的心间。

有一位朋友说："我只记得别人对我的好处，忘记别人对我的坏处。"这让他收获到了很多的至交好友。本着一颗宽容的心，忘记别人的坏处，是对别人的宽容，也是对自己的宽容。

5. 为生活点盏灯，照亮别人也照亮自己

多为别人着想，不仅能使你不再为自己忧虑，也能帮助你结交很多的朋友，并得到很多的快乐。

前生的五百次回眸，才换回今生的擦肩而过。这几乎是一句早被用得烂俗的话语。但是有多少人认真想过这句话的真正含义呢？有人说，这是一个爱心缺少的世界，人与人之间的关系变得越来越冷漠，也有人说，这是一个爱心泛滥的季节，在物质生活极大丰富以后，人们开始更加注重自己的内心诉求，对爱的理解也越来越深刻。

从前有一个小巷子又黑又窄，路灯也没有一个，每到晚上在里面走路非常不方便。

夜幕降临了，这时候一个人打着灯笼慢慢地走进这条巷子，巷子里一下子明亮了许多。

"太好了，那个点灯的盲人又来给我们照路了。"几个巷子里的居民高兴

地说，"这下子不用再怕撞到墙了。"

有个年轻人正从这里经过，觉得这个盲人挺有趣的。于是他走上前去跟盲人聊了起来。

"您好，您既然什么都看不见，为什么还要提着灯笼出行呢？"

"为了保护我自己啊。我听人们说一到晚上他们就像我一样什么都看不见了。我点盏灯，他们看见了光，就会躲开我，不会撞到我身上了。"

汉王符在《潜大论》中说："积善多者，虽有一恶，是为过失，未足以亡；积恶多者，虽有一善，是为误中，未足以存。"人这一辈子，做一件好事容易，难的是做一辈子好事。与人为善，更应当从身边小事做起，广结善缘。

丈夫去世不久，儿子又坠机身亡，这对50岁的黛比来说生活似乎显得有些残酷。她被悲伤和自怜的感情所包围，久而久之得了抑郁症，甚至产生了自杀的念头。一位智者劝她去做些能使别人快乐的事情。

可是，一个50岁的女人能做些什么呢？黛比想了一整夜，终于想到一个主意。她过去喜欢种花，自从丈夫和儿子去世后，花园都荒废了。她听了智者的劝告，开始修整花园，撒下种子，施肥灌水。在她的精心照料下，花园里很快就开出了鲜艳的花朵。

从此，她每隔几天便将亲手栽种的鲜花送给附近医院里的病人，插在他们床前的花瓶中，让芳香充满整个病房。她给医院里的病人送去了爱心和温馨，换来了一声声的感谢。这些美好的感谢轻柔地流入她的心田，治愈了她的抑郁症。她还经常收到病愈者寄来的卡片和感谢信。这些卡片和感谢信帮助她消除了孤独感，使她重新获得了人生的喜悦。

当我们把自己的东西与别人分享时，我们留下的东西就会扩大和增加。因此，我们要与别人分享好的和值得向往的东西。帮助的人越多，得到的也就越多，甚至是重获新生。

我们从别人那里得到时，会觉得快乐；但当我们在给予别人时，会感到更大的快乐。你在送别人一束美丽的玫瑰时，自己的手中也留下了最持久、最浓郁的芳香。

一个只想着自己利益得失的人是可悲的，因为他无法体会到生活中原来还有美好的东西在我们身边。

6. 夜色越黑暗，星星就越明亮

想要等到黎明前的曙光，首先要做的就是想办法度过漫漫长夜。这是一个艰难的过程，同样也是一个必经的阶段。

人会做梦，也就意味着人会有梦醒的时刻。有人说，梦醒的时候是最难过的，因为暂时还看不到希望，但是也有人说梦醒是最幸福的时刻，因为在梦醒之后就可以看到黎明的曙光。

沉溺于自己梦想不愿醒来的人是懦弱的，他们害怕梦碎的一天；不愿去想的人是可悲的，因为他们无法享受梦幻变成现实的欣喜。

黎明之前必然经历黑暗，因为有了黑暗，探寻光明的价值才会充分体现出来。黑暗只是实现梦想的必经之路，因为黑暗的侵袭而放弃希望的人，最终只会被黑暗所吞噬。相反，那些在黑暗中仍然仰望光明并孜孜以求的人，终究会把无法事先布置的生命舞台前的那条黑色布幔拉开，看到色彩斑斓的宏图。

很多人都说盲人是弱势群体，但是她是无数个"中国盲人第一"的创造者：中国第一位女盲人钢琴调律师、第一位骑独轮车的盲人、第一位开卡丁车的盲人、第一位盲人跆拳道"黄带"选手、第一位加入世界杰出华人协会的盲人……很难想象这些成就是一位双眼视力仅为0.02、患有先天性白内障的盲人所创造的。童年时，父母因她的先天性白内障而抛弃她，但姥姥留下了她，并给予她全部的爱。姥姥用尽全部心力来培养她、教育她、磨炼她，是姥姥的支持让这个从小失明的孩子勇于面对困难，勇敢而坚强地一直走来。

实际生活中，她并不像大部分人想象的那样没有乐趣，在与人交往的过程中，她是一个乐观开朗、爱好广泛的人。她游泳考过了深水证，跆拳道晋升到"黄带"，她还喜欢弹钢琴，骑独轮车，喜欢猫，也喜欢画猫。

但作为一名盲人钢琴调律师，她在刚开始找工作时却处处碰壁，几乎所有人都不相信盲人还会调音。一架钢琴，8000多个零件，闭着眼睛一一触摸，再调出精准的音律，这听起来似乎是件不可能完成的事啊，但她最终却把这种不可能变成了可能。她凭借自己坚忍执着的精神、熟练的技术、严谨的工作态度，最终赢得了客户的信任和肯定，开创了事业的新天地，成立了中国第一家盲人调律网。

阴影恰好证明了阳光的存在。事例中的这位盲人并没有因为自己视野的盲区而遮住人生绚丽多姿的风采。世界上没有无边的黑暗，只要拥有坚强的毅力和不惧黑暗的勇气，终究会看到黎明时喷薄的太阳。

海伦·凯勒是一个生活在黑暗中却又给人类带来光明的女性，一个度过了生命的88个春秋，却熬过了87年无光、无声、无语的孤独岁月的弱女子。

然而，正是这么一个幽闭在盲聋哑的黑暗世界里的人，用顽强的毅力克服生理缺陷所造成的精神痛苦，竟然成为哈佛大学的毕业生，并在大学期间就和老师合作发表了她的处女作《我生活的故事》，讲述她如何战胜病残。这本书给成千上万的残疾人和正常人带来鼓舞，被译成50多种文字，在世界各国流传。

后来凯勒到美国各地，到欧洲、亚洲发表演说，为盲人、聋哑人筹集资金，建起了一家家慈善机构，为残疾人造福，被美国《时代周刊》评选为20世纪美国十大英雄偶像。

"二战"期间，她又访问多所医院，慰问失明士兵，她的精神备受人们崇敬。1964年被授予美国公民最高荣誉——总统自由勋章，次年又被推选为世界杰出妇女。

所有的光明和黑暗其实都可以在转瞬之间调换。在有梦可以做、有光明可以企盼的年纪里，要坚守住自己的信仰和目标，用自己的实际行动来迎接曙光的到来。

我们每个人都好像是一叶扁舟——面对浩瀚的大海，显得如此渺小、孤独和迷茫。然而，每个人的心灵救赎最终还是要靠自己。我们依然要有所期待、有所探寻，期待熬过黎明前最冷最暗的黑夜，用自己的双手赢得未来。

在光明下欢笑是一种本能，而在黑暗中欢笑则是一种品质。我们应该学会在黑暗中仍然探寻光明，在欢笑中见证心灵的成长。

7. 看淡得失，解开抱怨的枷锁

忽视抱怨，是一种平和，一种超凡脱俗。享受当下，是一种进取，是一个成功人士的生活态度。

这是一个讲究生活质量的时代，高质量的生活评判标准除了最基本的物质需求以外，最重要的当属心灵是否富足，而一个富足人生最重要的特征之一就是不抱怨。人有欲望，也就意味着人很难满足，而一旦产生了不满足的心态，随之而来的就是抱怨。

抱怨有很多种方式，其中最为常见的当属口头上的抱怨。一些人为了逞一时口舌之利，往往大发牢骚。事实上，抱怨是最消耗能量又最无益的一种举动。抱怨除了让自己更加愤怒之外，实质上并不能让事情变得更好，有时候反而更坏。

有一位年轻的农夫，他划着小船从一个村子向另外一个村子的居民运送自己家的农产品。此时的天色已经很晚了，尤其是在夏季里，酷暑难耐，农夫心里十分地急躁，希望早点完成运送任务后回家。

正在农夫快速划船的时候，突然发现另外一只小船正顺河而下，迎面朝自己驶来。这是一条很狭窄的河道，他眼见两只船就要相撞了，但是那只船并没有丝毫避让的意思，似乎是有意想要撞翻农夫的小船。

"让开，快点让开！你这个白痴！"农夫大声地向对面的船吼道，希望对方能够听到自己的声音，"再不让开你就要撞上我了！"但农夫的吼叫好像并没有起到多大作用。尽管农夫手忙脚乱地企图让开水道，但那只船还是重重地撞上了他的小船。此时的农夫被彻底激怒了，他歇斯底里地向那艘船吼道："你会不会驾船呀，我都为你让开了，你竟然还是撞到了我的船上！"当农夫再次仔细审视那条小船时，他吃惊地发现，小船上空无一人。这只是一只挣脱了绳索、顺河漂流的空船，而他刚才的大喊大叫、厉声责骂压根儿就没有人听。

习惯抱怨的人不见得不善良，但他们是最不受欢迎的群体。抱怨者认为自己经历的事情是世界上最不公平的事情，但是他们忘记了听他们抱怨的人也可能或者正在经历同样的伤痛。一个总是抱怨的人等于是往自己的鞋子里倒水，最终只能让自己的路更加难走。世间有很多东西是毫无价值的，抱怨就是其中的一种。

要想自己的生活变得有质量，抱怨的话最好要杜绝。没有一件事情是完美的，无论人怎么努力，抱怨的人总是能够找到不满意的理由。而每天生活在抱怨之中的人很少去想想这样的抱怨有没有道理。

有这样一个小故事，一个男人在年龄很大的时候也没有找到让自己满意的人生伴侣。于是，他来到了一家婚姻介绍所寻求帮助。走进大门以后，他看到了两扇小门，一扇门写着"漂亮的人"，另外一扇门写着"不太漂亮的人"，男人很自然地推开了漂亮的那一扇大门。打开这扇大门以后，他又发现了两扇大门，其中的一扇标注着"优雅"，另外一扇标注着"俗气"，男人又毫不犹豫地推开了"优雅"的那扇门……就这样，那人一路走过去，一路选择的都是美好的品质。当他走到最后，准备找到那个属于自己完美的伴侣时，门上刻着一行字："对不起，您需要的伴侣太过完美，我们无法提供。"

世界上本来就没有十全十美的事情，选择伴侣是这样，人的实际生活也是这样。一个人之所以伟大，是因为他知道自己的不完美。一个注重生活质量和品位的人永远不会抱怨自己所处的环境有多么差、自己的生活有多么的不如意。

8. 抬头辩解，不如低头认错

人们总是习惯性地去辩解，试图去证明自己的清白。但最后的事实通常就像人们所说的那样，总是越抹越黑。

费力不讨好有很多方式，其中有一种就是执着于辩解。一个"辩"字的中间是言，也就意味着需要不停地说，而生活的常识告诉我们，言多必失。当一个人只是想着去辩解的话，其实就是犯了执念的错误，最终不仅达不到自己想要的结果，而且还让自己痛苦不堪。

从前，有一位德高望重的老者，人们都说他是位纯洁的圣者。而在寺院的附近有一对夫妇，他们开了一家布店，家里还有一个非常漂亮的女儿。但是没过多久，卖布的夫妇发现还没有谈婚论嫁的女儿的肚子无缘无故地大了起来。

这件事让夫妇两个人很是懊恼，于是开始追问孩子的由来。女孩起初不肯说出对方的名字，但经过再三逼问之后，她说出了老者的名字。

卖布的夫妇怒不可遏地去找老者理论。老者只说了一句话："就是这样吗？"于是孩子生下来以后就被送给了老者照顾。此时，老者的名誉已经扫地，很多人见到老者都慌忙退让，但是他并不介意，向邻舍乞求婴儿所需的奶水和其他用品，非常细心地照顾孩子。

一年以后，这位还没有结婚的女孩再也忍不住了。她向自己的父母吐露了真情，孩子的亲生父亲是一名邻村的青年。

这对夫妇立即将女儿带到老者那里，向老者道歉并请求原谅。此时的老者还是非常地平静，只是在叫唤孩子的时候轻声说道："就是这样吗？"

对于老者来说，自己突然莫名其妙地有了孩子，并且名誉扫地，是多么令人懊恼的一件事啊！但是他并没有着急去争辩。这是一种超然的态度，也是一种生活的智慧。假如当时老者据理力辩，恐怕一时也难以解释清楚。

在当今瞬息变化的社会中，有一种新闻叫作谣言。对于这些事情，有人选择一笑了之，觉得既然是谣言，也没有必要解释，时间久了自然会不攻自破。而有的人就非常在意，所有的时间都在与众人的推测进行搏斗，把自己折腾得够呛，而围观的群众丝毫没有散去的迹象。鲁迅曾经说过这样一句话："最高的轻蔑是无言，有时候连眼珠也不转一下。"

事实就是如此，老子说柔弱胜刚强是很有道理的，选择不去辩解，选择忍让不是一种软弱，而是一种强大的力量，这种力量不是通过暴力而是通过感化让人打心底产生佩服。所有成大事的人在性格中都会有一个共同点，那就是沉得住气。如果闻风便是雨，总是将有限的精力浪费到无限的争辩之中，那他还有多少时间来做自己要做的事情呢？

汉代的公孙弘是一代名相，他自幼生活在一个贫困的家庭之中，最后凭借着自己的努力成为了宰相。公孙弘的生活十分俭朴，每顿饭只有一个荤菜，睡觉的时候也都是盖普通的棉被。这件事被同朝的另外一个大臣汲黯知道后就向皇帝参了公孙弘一本。汲黯认为公孙弘已经位列三公，朝廷发给的俸禄已经非常可观，但是只盖普通的棉被，生活水准和普通老百姓一样，就是故意这样来获取自己清廉的名声。

于是皇帝就在一次朝会上问公孙弘："汲黯所说的都是事实吗？"公孙弘非常平静地说道："汲黯所说的都是事实。在满朝的大臣中，他与我关系最好，也是最了解我的人。今天他能够当着大家的面指责我，正中我要害。我位列三公却只盖棉被，把自己的生活水准同百姓一样，确实是故意装清廉以沽名钓誉。如果不是汲黯忠心耿耿，陛下怎么能听到对我的这种批评呢？"汉武帝听了公孙弘的这一番话，并不认为他这种行为是一种沽名钓誉，反而觉得他为人谦让，越发尊重他了。

公孙弘面对汲黯的指责和汉武帝的询问，并没有选择为自己辩解，而是全部予以承认。这其实是一种非常高明和睿智的应对策略。当别人已经向皇帝报告公孙弘沽名钓誉的时候，无论此时的他怎么辩解，皇帝都会有一种先入为主的感觉，会认为他的解释依然是在沽名钓誉，而公孙弘深知这样的指责会给他带来什么样的灾难。他的承认实际上是在表明自己至少在皇帝面前是诚实的，这样很容易得到皇帝的好感。

此外，公孙弘还有一点高明之处就是他对于指责他的汲黯大加赞赏，这样就给皇帝和同僚以及对手留下了宽宏大量的印象。如此，公孙弘就用不着去辩解自己是否真的在沽名钓誉了，因为这并不是一种政治野心，对皇帝和同僚都没有任何的伤害。这样一来，公孙弘就从辩解的怪圈中脱离了出来。

以退为进，以不辩解达到辩解的目的，这是一种大智慧，也是想要达到成功的一项重要法则。当别人还在将时间浪费在喋喋不休的辩解中时，有些人却已经悄然离去，踏上了面向成功的路程。

9. 放下包袱，给心灵放个假

每个人都在追求快乐，其实快乐很简单。当你在繁忙的生活中，停下匆匆的脚步，让自己喘口气，你会发现许多不曾留意的美丽风景，心情自然也会变得快乐。

有位女士特别喜欢一双鞋，自从买回来后几乎每天都会穿出门。虽然这双鞋出自名牌，质量极好，但在不到半年的时间里就磨坏了。这位女士只好拿到鞋匠那去修补，并对鞋匠抱怨这双鞋虚有其表，虽然好看，但是质量太差，只穿半年就坏了。鞋匠仔细检查了皮鞋后说："这双鞋的确非常漂亮，你是不是每天都穿出门？"女士说："是啊！"鞋匠笑道："这就难怪了。其实这双鞋质量很好，但是由于你天天穿，它的皮革和材质没有得到适当的休息，自然就容易被磨坏。"

修鞋匠一边修，一边与女士聊天，他说："我以前是农民，种过田的都明白一个道理，那就是同一块土地上不能年年都种植同样的农作物。如果今年种了玉米，明年就要改种土豆。"

土地需要经过一段时间的休整才能发挥最大的效益。穿鞋和种田的道理其实是一样的。想要保持生命力，最重要的就是适当地休息。人类作为万物之灵更需要依循大自然的法则，保养顾惜。休息是健康的首要因素。当你休息充分，心情自然能够舒展，愉快的情绪才能有益于健康，这样你才能有旺盛的精力投入接下来的工作和学习。

如果用心观察，我们不难发现许多人之所以在工作中做出惊人成绩，并不一定是不分昼夜，不眠不休工作换来的。恰恰相反，他们当中许多人很重视休息，当他们感到疲惫的时候就会停下来休息片刻，这才赢得了健康的体魄和旺盛的精力，这也正是他们事业成功的基础和本钱。同样，我们在紧张忙碌的生活、工作中，更应该放松一下心中那根时刻绷紧的弦。

有人说，过度紧张和劳累是"百病之源"，这句话并非夸张。现代社会，"过劳死"的例子屡见不鲜。多少工作狂夜以继日地工作，就算不提极度疲惫之下的工作效率如何，长此以往，积劳成疾，终究贻害健康。

小文是一名销售员，在一家效益不错的私企工作五年多了。按照公司规定，每年有七天的年假，可是公司的销售部宣布，因任务压力过大，需要大家一起努力，暂停年假。以至于最近三年，小文一天年假都没有休过。小文每次看到别的部门的同事商量休年假去哪里旅行，心里都十分羡慕和不平衡。她只能无奈地安慰自己，拿着比别人高的工资，似乎没假休也是"情有可原"的。其实，小文不休年假还有另外一个原因。她说："在销售部工作，竞争十分激烈，稍有懈怠，业绩就会落后别人一大截。如果去休个半个月的假，回来以后说不定自己的客户就被别人抢了，就是有人敢冒这个风险，也没人休得起这个假。"

处在和小文一样的情况下的人不胜枚举，大家都迫于沉重的生活压力和严苛的公司制度，他们在繁忙的工作中得不到一刻休息，不敢有丝毫松懈。而最终的结果往往不尽如人意，很有可能在某一天累趴下，进了医院。这时候打电话给领导请假，有的领导顺势还会说："好啊，刚好你就拿年假来养病吧。"

休假成了养病，无奈的还是自己。

心理专家认为，拥有一段高品质的假期，可以让我们静下来面对内心真实的需求，有时间来处理自己与内心的关系，自己和他人的关系，摆脱日常生活中消极应对、被动接受的状态，帮我们处理在日常生活中无法处理的关系，仔细倾听自己内心的声音。你会发现原来生活比想象中要美好。

第三章
宠辱皆忘，感受风雨过后的阳光

苦是人生必然会尝到的一种滋味，痛是一种贯穿身体和心灵的感觉。人生的苦痛有很多，有时也会经历很长的阶段。而选择忘却则可以将这种苦楚消于无形，让自己的人生多一些心平气和。

1. 你不能改变容貌，但可以展现笑容

人生在世,痛苦并不可怕,相反它可以成为成功的垫脚石。痛苦是短暂的,成功却可以永恒。

伤痛的滋味只有经历过的人才能够体会。有些人习惯向别人倾诉自己有多么痛苦，而有的人则乐意去做一个心灵导师。言语所能表达出来的，往往不及真实伤痛的百分之一，而那些被深埋的伤痛则是一把既可伤人也能利人的双刃剑。

曾有人说，人生中经历的每一道伤痛都将是最终问鼎成功后的勋章。但

是想要从伤痛中汲取力量，依然需要自身的努力。

当他"活到最狂妄的年龄时忽然残废了双腿"，于是便每日来到人迹罕至的地坛公园，在寂静的天地中思考着关于生与死的问题。最后他终于明白：一个人，出生了，这就不再是一个可以辩论的问题，而是上帝交给他的一个事实。最终，他接受了这个苦难，包括生命中最不能忍受的残酷和伤痛。

后来，他开始将自己的目光转向周围的人群，试图看看别人是怎样的命运和活法。首先他看到的是为自己操碎了心的母亲，他明白自己所有的痛苦和不幸到了母亲那里都是要加倍的，他还看到了一个漂亮但弱智的少女、一个有着长跑天赋的朋友、一对非常恩爱的夫妻……

通过对周围人的观察，他进一步加深了对命运的认识："就命运而言，休论公道。"这是一个因苦难而有差别的世界。如果被选中去充当那苦难的角色，那就勇敢地去承担。通过思考，他进而想到问题最关键的部分，人应该如何看待自己的苦难。在地坛的日子里，他最后明白了：以最真实的人生境界和最深入的内心痛苦为基础，将自己的生命放在天地宇宙之间而不觉其小，反而因背景的恢宏和深邃更显生命之大。

这个人就是史铁生，一个下肢没有活动能力，几十年都坐在轮椅上的人。而他流传最广的一篇文章当属入选中学语文教材的《我与地坛》。除此之外，他还以独特的视角和思考方式写下了大量反响热烈的文学作品。

在史铁生的世界里，他对生命的思考、对伤痛的思考达到了一种更为广阔的境界。也正是在这种苦痛中，史铁生完成了生命的蜕变，将这种生命中的苦痛变成了自己走向成功的一枚闪亮勋章。

当然不是每一个遭受伤痛的人都能够成为史铁生一样的人，也不是说只有经历过如此的灾难才能最终取得成功。伤痛不是成功的必备条件，但是能够跨越伤痛则是成大事者所必须要经历的道路。

不用刻意去强调伤痛的作用，有时候这只能起到相反的作用。对于经历伤痛的人来讲，不要花费太多的精力在伤痛本身之上，而是要试图从伤痛本身学习到什么。英雄不问出处，成大事者也没有多少人会在意自己曾经历过多少不幸和伤痛。

一头驴掉进了一口枯井之中，它的主人想尽办法希望能够把它救上来。经过数次的失败之后，主人决定放弃。反正驴子已经老了，况且这口枯井早晚也是要填上的，于是人们拿起铲子，开始填井。当第一产泥土落进枯井时，驴子叫得更恐怖了，它显然明白了主人的意图……

放声悲鸣的驴子让所有人都感到了心酸。为了尽快解除驴的痛苦，人们加快了填土的节奏。可是过了一会儿，枯井中的驴停止了叫唤。当人们都认为驴已经死去的时候，却惊奇地发现，这头驴并没有死，它还站在井底。那些铲进坑里的泥土都被它抖落在脚下，然后用自己的蹄子将泥土踩实。驴子正安静地期待这枯井上的人，等待众人铲下的土壤。

很快，驴就站到了枯井口，随后走出了枯井。

生活中的伤痛在所难免，但每一次的伤痛其实都有着自己无可取代的价值。就像寓言中的驴子一样，当别人将土扔到它的身上准备埋葬它的时候，它却能够抖落在脚下，最终成为自己走出枯井的基础。

人生也是如此，伤痕累累的人拥有着比其他人更丰富的经验，也有着更加接近成功的决心。在获取成功的那一刻，当初所有的伤痕都是一枚枚勋章。在绝望中寻求希望，这是一个成功者应该有的素质，也是通往成功的必经之路。

2. 学会放下，轻松生活

学会放下，轻松生活。我们要减掉身上多余的负荷，放下我们不该拥有的东西，才能轻装上阵，才能轻松地面对一切。

少小离家，为的是能够看到一个更广阔的世界。只停留在一个狭小的空间里，眼界永远无法得到扩展，也就达不到新的高度。选择挥手离别，其实并没有将伤感情绪无限扩大。相反，将挥别看作一次全新的出发，这将给你以后的生活带来新的改变。

自古多情伤离别，别离之痛往往刻骨铭心。人生聚散别离是常态，与其在别离中哀婉叹息，不如大度挥手。海内存知己，天涯若比邻，每一次的挥别其实都是一次全新的开始。这种挥别，不仅局限于一个人、一种情意，还有一种态度。

一个青年一直感觉不到幸福，他听说在遥远的地方有一位大师，能够化解人们心头的疑惑，于是便背着个大包袱，千里迢迢跑来找大师。他说：

"大师，我一路走过来是那样孤独，路途中充满了无尽的痛苦和寂寞。长期的旅途跋涉使我疲惫到了极点；一路上我的鞋子破了，荆棘割破了双脚；双手也受伤了，曾经不停地流血；嗓子因为长久地呼喊而喑哑……可是我做了这一切，为什么我还不能找到心中的阳光呢？"

大师看到这位青年轻声问道："你的包裹里装的什么？"青年说："这是我目前为止最为重要的东西，在这个包裹里面，装的是我每一次跌倒时的痛苦，还有受伤时的无助以及孤单时的烦恼……正是靠着它们，我才能走到您这儿来。"

于是，大师带着青年来到河边，河水哗哗地流淌着，看起来很深。大师和青年一起砍下一棵树，放在河里，踩着树过了河。上岸后，大师说："你扛了树赶路吧！""什么，扛了树赶路？"青年感到惊诧，"这棵树那么沉，我扛得动吗？""孩子，既然你扛不动它，也不用扛它了。"大师微微一笑，接着说，"否则，它会变成我们的包袱。无论是痛苦还是孤独，乃至寂寞和眼泪这些对人生都是有用的，它们能使生命得到升华，能够让我们感受到生命的美好。但如果时刻不忘，那么它们就成了人生的包袱。有些东西需要放下，一个人的生命无法承担那么重的包袱。"

过去的事情可能很重要，曾经逝去的情也许会值得留恋，但是只有与过去告别才会拥有未来的无限种可能。不要为已经打翻的牛奶哭泣，否则打翻的将不再是牛奶，而是自己的心血。将自己局限在过去圈子里的人是可悲的，太过沉迷于过去无法自拔。

过去的事情往往会形成一个标签，给人一种刻板化的影响。而撕掉过去的标签，能够让自己的观念彻底松绑，能够以全新的眼光来看待问题。没有人可以预测未来，你不一定就是别人说的那样，也不一定就是以前的自己。不要让过去在自己身上留下痕迹，在每一天迎接新的自己，这是生活的智慧。

挥别过去还有一个好处，那就是自己能够更加清楚地认清自己。在很多时候，看清楚自己所处的位置比单纯地一直向前要有用得多。这不仅是给自己减压，也是在给自己打气。

3. 心宽一寸，路宽一丈

能够控制并调节自己情绪的人才不会被自己的情绪所左右，这样的人才能平静地生活在世上，获得解决问题的能力。

如今，暴躁和争执已经成为很多人生活的常态，每个人的身上仿佛都背着一个炸药桶，一不留神就会引爆。有人将这归结于生活节奏的加快和人们身上背负的压力增大。事实上，缺乏一种平心静气的态度是造成这一现象的重要原因。

有经验的船工知道，看似平静的水面往往需要格外小心，因为在下面蕴藏着巨大的力量；而那些看起来波浪翻滚的水面其实是最安全的，这就是平静所产生的力量。一个人也一样，想要成就一番大事业，就要学着放弃争执，在心平气和中积攒静心的力量是必不可少的。

有一位年轻人，在他每次生气和别人起争执的时候，他就会以很快的速度跑回家去，绕着自己的房子和土地跑上三圈。这样一来，他与其他人争执的次数越来越少。后来，这个年轻人逐渐变得十分富有，自家的房子和土地也变得越来越大。但是，他始终有一个习惯，那就是不管自己多么富有，只要与人争执生气，他还是会绕着自己的房子和土地跑上三圈。

许多年过去了，当初能够绕着房子和土地跑三圈的人已经不再年轻。当他心情不好或者与人争执的时候，他还是一如既往绕着房子和土地走完三圈。他的孙子在他的身边恳求他："爷爷，你都这么大年纪了，附近已经没有人房子比你大、土地比你多了，为什么你还要这样做呢？"

当初生龙活虎的年轻人现在已经白发苍苍，他笑着对孙子说出了隐藏在心中多年的秘密："当我年轻的时候，每次我生气、郁闷，就绕着房、地跑三圈，我就一边跑一边想，现在我的房子这么小，土地也这么小，我哪有时间、哪有资格去跟人家生气呢？一想到这里，气就消了，我就把自己所有的精力都用在了工作上。然而到现在，当我心情不好的时候，我依然一边走一边想，我的房子这么大、土地这么多，我又何必跟人计较？这样，我的心又平静下来。我认为浪费时间去沮丧是完全徒劳的，所以每一天都过得很快乐。"

这就是生活中的智慧，用平静来取代争执，选用合适的调节方式让自己安静后会产生意想不到的能量。执着于争执，在很大程度上就限定了自己的思维空间。在争执中失败，会加重自己的沮丧情绪，让人产生挫败的感觉；而即便是与人争执成功，也会浪费大量的时间和精力，最终得不偿失。

一位著名演讲家被邀请到一所大学去担任大学生演讲比赛的评委。所有的参赛选手在经过抽签确定了演讲顺序和演讲主题后，第一位选手表情很不满地走向了讲台。当观众和评委正准备听他演讲的时候，他走上讲台说："同学们，尊敬的评委，这是一场不公平的比赛！我领到这张纸以后，只有几分钟的准备时间，而在我后面的人则有更为充裕的时间准备，这是不公平的！"

　　这位选手说完便走下了讲台。但是他的离开并没有影响到这次比赛的顺利进行。在这场比赛中，有人获得了荣誉，有人锻炼了自己。

　　比赛结束后，演讲家找到那个因为生气而拒绝比赛的男孩，对他说："你不要因为觉得不公平而生气，你想过没有，第一个演讲往往最能吸引评委的注意，而预留的时间少则是锻炼自己思维和语言组织能力的绝好机会。"

　　听了演讲家的话，男孩羞愧地低下了头，他意识到了自己的冲动与无知。

　　在生活中，总会出现一些不如意的状况，这些情况有时候会让我们抓狂，会让人愤怒，也会让人很自然地与他人进行争执。但是争执又有什么用呢？如果自己只是一块平淡无奇的生铁，抱怨、争执都是徒劳。当把自己炼成精钢以后，估计也不会再争执了。

4. 看淡胜负，潇洒人生

生活中没有所谓真正的输赢，一个人总能找到自己赢的一面，也总能找
到自己输的一面。

人生是一个过程而不是一个结果，不一定要分出最后的胜负输赢。每个
人都有着与他人不同的人生历程，只要我们做好自己，成为自己的英雄即可。
但是在大多数人的心目中，胜负输赢却关系十分重大，甚至变成了此生此世
最为重要的事情。这其实就是一种赌气的态度，世界是缤纷多彩的，就像美
丽的阿尔卑斯山一样，我们的一生就好像在阿尔卑斯山上旅行，有很多人乘
汽车匆匆忙忙地过去，没有时间回一回头，或者把脚步放慢些，从而失去了
一道道美丽的风景，剩下的只有匆忙和紧张、忙碌和忧愁。

在生命的过程中，我们不断参与着一场又一场的较量，计较着一次又一
次的输赢，但是在生命终结的时候，最终还是两手空空地离开这个世界。所
以对于任何一个人来说，一定要有一颗良好的心态去看待输赢。

在某市举行的残疾人运动会比赛中，竞争很激烈。在女子 1500 米赛跑项
目预赛中，有两位选手显得格外突出。

比赛的最后有四名选手进入了最终决赛。决赛开始，其中两名实力最强

的选手很快将其他人抛在了后面。最后一百米冲刺的时候，这两名选手几乎是比肩齐步，都在拼尽全力跑赢对方。就在这个时候，稍微落后的那个女孩不小心绊倒了。按照正常的比赛节奏，这等于把另一名选手送上了冠军台。

但这次比赛却大大出乎了人们的意料。领先的选手停了下来，并折回去扶起她的对手，为她拂去膝盖和衣服上的泥土。此时，另外两个女孩子也和前一个女孩一样，四名决赛选手肩并肩走完了剩余的跑道。

在绝大多数人的眼中，参加比赛的目的就是赢得最后的胜利，因为那是一种无上的荣耀。但是在这种情况之下，领先的对手放弃了唾手可得的赢家身份，正是这种举动让她得到了更大的尊重，也体现了真正的体育精神。

人生不一定非要用胜负成败来衡量，希望获得最后的胜利是一种欲望，也是一把锁链。它会让人看不到真实的世界，只会想到最后的结果。当为了最后的结果打得不可开交的时候，输赢还真的那么重要吗？

一位拳击高手在一次比赛中自以为能够稳操胜券，取得最后的胜利，但是结果却出乎意料。在最后的决赛中，他遇到了一个实力很强的选手。在比赛的过程中，这位拳击高手一直找不到对方招式中的破绽，而对手却总是能找到他的破绽。

比赛的结果可想而知，这个拳击高手最终没能拿到自己想要的冠军。于是拳击高手找到自己的师傅，一招一式地将对方和他之间的比赛过程展示给师傅看，并恳求师傅帮他找出对方招式中的破绽。按照拳击手的想法，只要能够苦练出足以攻克对方的新招数，在下次比赛中就一定能够打倒对方，夺取冠军奖杯。

拳击手的师傅并没有给他分析具体的招式动作，而是在地上画了一道线，要他在不擦掉这条线的情况下把这条线变短。

拳击手愣住了，这怎么能够办得到呢？最后，他无可奈何地向师傅请教其中的方法。师傅笑了笑，说："你在这条线的旁边画上一条更长的线试试。取得胜负的关键不在于找到对方的弱点，而是寻找一条更长的线。拳击的目的不是为了争强好胜，而是在搏击中感受生命的强度和宽度。当你的眼睛不再只盯着那一条短短的胜负线的时候，你才能让自己变得更加强大，才能真正赢得对手的尊重。"

人们渴望着凡事都能够有一个结果，分出个胜负，这是狭隘的。人生的路很长，输赢可能只是其中的一段路或者极短的一段时间。在其余的绝大部分时刻，人们还是过着平淡的生活。

总渴望争输赢的人一定要把握好其中的度，在一定尺度之内，争输赢是有进取心的体现，但是将输赢得失看作一切，那么这个人身上则会散发出一种戾气。这种戾气就是得失心太重所导致的。人生的路很长，慢下来，看看这个世界，人生的事很多，看淡些，胜负没有那么重要。

5. 读懂遗憾，就读懂了人生

有过遗憾的人，必定是感受过深切的痛苦的人，这样的人也必定真实地活过，付出过最真的心，用自己的行动演绎过至真至纯的情感，令人心动和感慨。

人生在世，很多人都在追求一种境界，那就是了无遗憾。但这明显是一个无法达成的目标。失败的人最愿意谈论的事情就是"想当初"，因为这样可以让人觉得他曾那么近距离地接触到了幸福。事实上，这种人没有认识到，对于他来说，最大的遗憾就是一直把遗憾挂在嘴边。

不可否认，遗憾是我们生活的一部分。对待遗憾的方式大致分为三种。

第一种是悲观型的，这种人对于遗憾总是一副悲观懊恼的样子。经历过一个小小的失败，或者是因为一丁点的小事、一次不起眼的疏忽，他就感觉到了生命的欠缺，然后就在这种欠缺下抱怨。

还有一种对待遗憾的态度，我们可以称之为"冷血型"。面对失误甚至是错误，他们的反应往往走向另外一个极端。他们仿佛是看破一切红尘俗事的大师，认为人的生活就是吃饭穿衣、生老病死。这种人的生活往往没有固定的目标，生活中也很难有激情，仿佛这个世界与他本人无关。

那究竟应该以一种什么样的态度来对待遗憾呢？最好的处理态度应该是

"乐观型"。面对人生中不可避免的遗憾，如果只是悲观绝望，人的一生将会在重大压力下举步维艰。但是，如果将过往的遗憾看成一笔财富，并从中发现造成遗憾的原因，就能够从遗憾中发现闪光的部分。

有这样一个故事，一位爱好武术的少年因为一次意外事故丧失了左臂。虽然他依然渴望着练习武术，但是几乎所有的教练都不愿意教他，因为没有左臂的人练武几乎是痴人说梦。

这个少年就一直找，希望能够找到一个愿意教他的教练。直到有一天，他遇到一名很少收徒弟的教练，教练见他心意很诚，决定收他为徒。除了基本功之外，他的教练只教他一个动作，并且让他每天都重复训练这一个动作。

少年很不理解，就问教练什么时候才能让他学习新的动作。

教练只是微笑着说："你先努力把这个动作练好。"

直到有一天，教练告诉他出去比赛，少年有些发愣："可是我只会这一个动作呀。"教练说："没事，你就用这一招就行。"在比赛中，他就使用这一招连连过关，最终赢得了冠军。

他大惑不解，就跑过去问教练其中的缘由。教练回答道："因为你的对手如果要破你这招动作，唯一的办法就是紧紧抓住你的左臂。"

身体上的遗憾对于少年来讲是已经存在的现实状态。我们可以说是教练懂得因材施教，但是教练这样做的前提是少年敢于正视这种遗憾，敢于坚持将这种遗憾变成别人得不到的财富。

由此可见，遗憾与美好是相伴相生的。当遗憾过后，往往会催生出新的力量。试想一下，如果生活在一个没有遗憾的世界，那人们还能感受到幸福和成功吗？没有遗憾的衬托，那美好又从哪里体现呢？

在大学的一次同学聚会上，大家都喝了很多酒。借着酒意，一个女孩对男孩说："你知道吗？其实在上大学的时候我就特别喜欢你。"男孩一愣，他接着说："其实我也很喜欢你，但是一直也没有说。""那你为什么不说呢？""你那时那么优秀、那么可爱，我想等你长大。""那你为什么不陪我长大呢？"当时男孩就泪如雨下，因为这个女孩现在已经准备结婚了。

错过是一种遗憾，但是没有说出更是一种遗憾。生活不是电视剧，可以预知其中的结局。现实就是如此，如果不尽快采取行动，那就会错过很多，留下无尽的遗憾。很多事情在懂得珍惜以后，却往往成了往事。人生就是一列单行列车，没有人能在时光逝去之后从头再来。对于已经经历过的遗憾，努力向前，将遗憾化作前行的动力，这是调节心绪的方法，也是最后能成大事的一个重要法则。

一个老人买了一个精美的花瓶，并用绳子捆好背着回家。路上绳子断了，花瓶掉在一块石头上碎了。老人头也不回地继续前行。

一个过路的少年喊住老人，问他："你不知道花瓶破碎了吗？"

老人回答："我知道。"

少年又问："那你为什么不回头看看？"

老人说："已经碎了，回头看又有什么用呢？"

人生中很多的遗憾就像一个破碎的花瓶，不管采取什么样的补救措施，都已经无法改变它已经破碎的事实。人生之路是不可逆转的。当一个人不再为过去发生的事情而后悔，不再因为过去的遗憾而痛苦的时候，将会得到整个人生的快乐和满足。

6. 将沙子磨砺成温润的珍珠

成功不会从天而降，我们要端正好心态，用汗水来浇灌自己的人生。

在生物学家看来，汗水只不过是人的皮肤所分泌出来的一种代谢物。但是在人的精神世界里，汗水却是勤奋的代称。一分耕耘一分收获，这其实就把人生的历程比作农民种庄稼，三分播种，七分管理，而播种和管理需要的同样是汗水。没有付出，就不要妄图有收获，拒绝流汗，其实也就把成功放在了一边。千万不要吝啬自己的汗水，因为这并不是一件羞耻之事，相反，伴随着汗水的味道的人生才是最充实的人生。如果只想着得过且过，不愿付出劳动的话，那永远也不要奢望得到成功的青睐。

小张和小李两人是大学的同班同学，毕业后同时进入到了一所高中做老师。这对于学习生物的他们来说，无疑是一个令人羡慕的出路。两个人觉得都很幸运。

小张在工作中依靠着自己扎实的学识得到了校方的认可和学生的欢迎，

在他的心中，他认为自己从小学到大学苦读十几年，为的就是有这样一份稳定的工作。他觉得待在学校，一辈子做一个有待遇、有假期的高中教师挺好。

而小李则不同，他的工作同样无可挑剔，唯一不同的是他在授课的同时依然没有忘记继续学习。他坚持阅读历史原著，坚持关注学术界最新动态，随着他知识量的扩增，小李的讲课水平也越来越高，并且两年后申请进入名牌大学读研究生，继续深造。

每个人都有着自己不同的选择，没有人会觉得小张的选择有什么不对。但是与不断奋斗的小李相比，小张的人生似乎就黯淡了很多。世上没有天生的懒汉，梦想也曾激励过不止一代人为之不断奋斗。但是一些人只是选择停留在了某一个地方，过一种固定的生活，企图最大限度维持现状，而不愿向前多走一步。

当一个人开始不尊重汗水的时候，那也是他距离成功越来越远的时候。在很多人眼中看上去非常聪明的人，我们往往只是看到了他们成功后的笑容，而对于那些背后不为人知的汗水却视而不见。

李嘉诚的成功毋庸细谈，很多人也想知道他是怎样成功的，这也包括了一位新入职的员工。李嘉诚见此情形，并没有从方法上多说，而是对这位新员工讲述了一个故事。一个记者在采访中，问日本"推销之神"原一平有什么成功的秘诀。原一平当场脱掉鞋袜，对他说："请你摸摸我的脚板。"

这位记者感到有些疑惑，但还是好奇地摸了摸对方的脚板，他对此十分惊讶，说："您脚底的老茧好厚呀！"原一平微笑着说："因为我走的路比别人多，跑得比别人勤。"记者略微沉思后，顿然醒悟。

李嘉诚讲完故事后，淡淡地说："我没有到摆资格让别人来摸我的脚板的高度，但我可以明白无误地告诉你，我脚底的老茧也很厚。"这些老茧都是当年李嘉诚每天背着样品的大包，马不停蹄地走街串巷磨出来的。当时的李嘉诚从西营盘到上环再到中环，然后坐轮渡到九龙半岛的尖沙咀、油麻地，他的一双脚几乎走遍了整个香港。后来李嘉诚说："别人8小时就能做好的事情，如果我做不好，我就用16个小时来做。"

当很多人对勤奋这个词语都不屑一顾的时候，还是有所谓的"笨人"在坚持着自己的努力，为实现自己的梦想默默地流汗。越想成就一番大事，所要选择的道路就越发艰难。这其实很好理解，如果成功是畅通无阻的康庄大道，那人人都将成为一个所谓的"成功者"。真正能够成大事者，对于汗水往往会有自己独特的理解，能够从汗水中看出不一样的东西，也能够从汗水中获得最后的成功。

吃苦意味着什么，其实就是流汗。成大事者从不将吃苦作为炫耀的一种资本，相反把吃苦流汗作为成功之路上必经的一种历练。

7. 做自己命运的主人

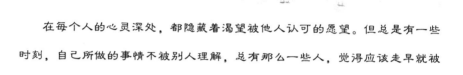

在每个人的心灵深处，都隐藏着渴望被他人认可的愿望。但总是有一些时刻，自己所做的事情不被别人理解，总有那么一些人，觉得应该走早就被规划好的道路，选择其他就是离经叛道。

当自己的梦想被告知是白日做梦的时候，当自己的努力被贬低得一文不值的时候，请千万不要轻易地放弃或者怀疑人生，因为此时的你正处于人生的十字路口。对于一个人来讲，最迷惘的时刻不是身后的悬崖，而是正处于选择的十字路口。这种选择往往让人无所适从，在这个时候，人的内心往往也是最软弱的。当他人告知这是一条不归路的时候，大部分的人也开始选择人云亦云，最终泯然众人。

约翰从小跟着父亲长大，他的父亲是一个马戏团的工作人员。在很小的时候，约翰就只能跟着父亲东奔西跑，不停地更换学校。

在一所学校的作文课上，老师给出的题目是描写自己长大后的理想。小约翰十分地兴奋，他洋洋洒洒写了 7 张纸，描述他的伟大志愿，那就是想拥有一座属于自己的牧马农场。为了让这一切看起来更加的真实，小约翰甚至仔细画了一张 200 亩农场的设计图，上面标有马厩、跑道等的位置，然后在这一大片农场中央，还要建造一栋占地400平方英尺的豪华别墅。

约翰花费了很长的时间来完成这个作业，将作业交给了老师。原本期望得到老师表扬的小约翰将自己作业本拿回以后大吃了一惊。在作业本的第一面上，老师打了一个又红又大的 F，旁边还写了一行字："下课后来见我。"

心中充满疑惑的他下课后带了报告去找老师："为什么给我不及格？"

老师认真地回答道："你现在还很年轻，不要老做白日梦。你没钱也没有显赫的家庭背景，什么都没有。要知道，盖座农场可是个花钱的大工程，你需要花钱买地、花钱买纯种马匹、花钱照顾它们。"老师然后接着又说，"如果这次你肯重写一个靠谱的志愿，我会给你打你想要的分数。"

小男孩回家后反复思量了好几次，然后向自己的父亲征求意见。父亲只是告诉他："儿子，这是非常重要的决定，你必须自己拿主意。"

再三考虑几天后，他决定原稿交回，一个字都不改，他告诉老师："即使不及格，我也不愿放弃梦想。"

几十年后，这位老师收到一份来自农庄的邀请函，农庄的基本设计就是约翰的那份作业，而农庄的主人就是曾经的小男孩约翰。

否定我们的人或许有着丰富的生活经验，也或许是一个行业内的带头人，但是他们永远无法替代我们的思考。身处十字路口，每一次选择都是一场冒险，但是这种危险值得冒。能让人最终依靠的不是别人，而是自己。

在选择的岔路口，要有独立思考的精神，要有属于自己的见解。

实际的生活中，很多人都会因为桌面的摇晃而无可奈何，但是有没有想过解决这个问题？30多岁的安德鲁·戈登最开始只是一名普通的英国人。

一个极其偶然的机会，戈登发现酒吧的桌子下面垫着几张餐巾纸，这不禁引起了戈登的好奇。服务生为了让那些稍微有些摇晃的桌子更加平稳，在桌腿的下面垫上了几张餐巾纸。戈登觉得这是件很有意思的事，他由此开始思考：可不可以发明一种小装置，专门用来调整桌腿长度，以达到平稳的目的。这样不就节省了餐巾纸了吗？于是，戈登开始把自己的全部心思都用在了可以保持桌子稳定的小发明中。几经试验，戈登将他的小装置进行了改进，将其命名为"桌子防摇器"，并且在实际的使用中效果相当的不错。

2005年，戈登兴奋地报名参加了英国广播公司（BBC）商业台的创意商机节目。戈登的原意也就是通过这个节目向人们展示他的发明，并且找到合适的投资人。当戈登拿着他的装置，向评委们解释这一独特的发明时，评委席上爆发出一阵善意的笑声。节目主持人说，这是他听到的最荒诞的想法，有人甚至戏谑地把这一创意称为"世上最可笑的发明"。

评委的否定并没有让戈登放弃，甚至成为了他一定要把这件事情做成的动力。他选择了将这项小小的发明推向市场。在没有采用大规模广告宣传的情况下，"桌子防摇器"短短一个月内就在网络上获得了超过百万次的点击率，人们纷纷表示要购买这种家庭所必需的小东西。

戈登凭此赚取了数百万英镑，那些曾经说他的发明一无是处的人也都自觉闭上了嘴巴。

世上没有任何一种东西可以让所有人都满意，在人生的道路上，被指指点点甚至被完全否认的事情早就已经见怪不怪了。每个人都是这个世界上独一无二的，并不会因为别人的一句否定就有所改变。

经常瞻前顾后，因为他人的一句否定就左右摇摆的人看似有很多种选择，其实却是最没有选择的，因为在他内心的深处，已经无路可走。与其让他人左右自己的未来，倒不如遵从自己的内心，走出一条新的道路。

8. 心如莲花，人生才会一路芬芳

有这样一句话，感谢轻视你的人，因为他磨炼了你的自尊。

打败别人的轻视其实很简单，那就是再努力一点点。谁都希望人与人之间都能够坦诚相待，但是人们的身边往往有一些人不仅在你努力的时候不去喝彩，甚至会冷嘲热讽。对于这种现象，首先要保持冷静，不要轻易地恼怒。要知道，用事实去反驳一个人比用言语要有力得多。

当困难来临的时候，咬紧牙关，努力一点，再努力一点点，就能让那些轻视的目光变成敬佩。要知道，无论从事哪一项工作，只要肯付出，在艰难的时刻选择努力一点点，将会取得意想不到的成就。

保罗·乔治本来是维也纳地区一名在当地很有名望的律师，但是非常不幸的是他赶上了第二次世界大战，被迫逃到了瑞典生活。

来到瑞典以后，他想要尽快找一份工作，否则他就要露宿街头了。他起初依旧想做律师行业，但是很快发现这里本地的律师已经没有多少业务了。

于是，他降低了自己的要求，由于他熟练掌握好几门外语，所以他希望能够进入一家进出口公司担任秘书的职位。但是由于战乱的关系，很少有公司还能提供新的职位。

在应聘的过程中，保罗·乔治遇见了一家让他十分气愤的公司。乔治清楚地记得当时负责招聘的人所说的话："你对我们的生意了解太少了，完全不理解这个工作的性质，就连用瑞典文写的求职信也是漏洞百出。我们根本不需要任何替代我们写信的秘书，即便需要，也不会请你。"

乔治当时就火冒三丈，但是转念又想道："或许这个人说得有道理。我虽然也学过瑞典文，但是并不是十分地熟练，可能在信中犯下的错误我自己都没有意识到。如果真是这样，我还要继续努力。"

于是，乔治换了一个笑脸说："谢谢您在百忙之中抽时间来接待我，并且相当诚恳地指出了我的不足和缺陷。由于个人原因，我并不知道我的信上有那么多的文法错误，我觉得很惭愧。但是我打算继续学习瑞典文，直到我能写出一封准确无误的求职信。"

大概半个月以后，这家公司收到了乔治新的求职信，在这封信里看不到一处的文法错误，并且对他们的公司业务又提出了一些基本的看法。这家公司负责招聘的人很快就想起了乔治，他对乔治的进步感到十分吃惊。当然，乔治很快就来这家公司上班了。

当乔治被招聘人员轻视的时候，他没有选择立刻反驳，而是选择了继续努力一点点。正是这一点点的进步打动了招聘者，也让他得到了工作的机会。

现实生活中，或多或少我们都会遇到乔治那样的人生困境，在别人轻视的目光中，要做到内心不乱、脚步沉稳并不是一件简单的事情。他需要一个人的内心拥有强大的力量。这种力量使我们坚定自己的目标，相信自己一定能够走出一时的黑暗。

小张是一家数码产品公司的技术人员，每次公司研制新产品项目的时候，他是能推则推，很少自己干。当别人问及原因的时候，他总是说害怕失败，害怕别人说他逞能，害怕自己失败时无法承受别人轻视的目光。而他的同事小王则不同，每次公司研制新产品、推出新项目的时候，他总是根据自己的能力，大胆地接手去做。一年以后，小王已经是公司的技术总监，而小张仍然是公司的一个技术员。

没有压力，人永远不知道自己的潜力到底有多大。当面对别人轻视的目光时，人们往往有两种选择：自信的人目光如炬，目标坚定，相信自己最终能够解决问题，当然最终他们往往能够取得很好的成绩；而自卑的人总觉得自己做不好，在选择中瞻前顾后，最终丧失了机遇，明明想避免人的轻视，但是最终还是无法摆脱被轻视的命运。

人们为什么会惧怕轻视，其实就是源于一种自己对未来的不自信。但是换个角度来想问题，当被别人轻视的时候，实际也正是接近成功的时刻。既然自己从事的工作或者进行的努力还有人在不断地关注，那还有什么理由不把这件事情做好、做成功呢？无论是赞许还是轻视的眼光，最终的成功是对他们最好的回报。

9. 人生如茶，第一道苦涩第二道甘甜

没有沸水冲沏，没有浮浮沉沉，茶叶便不会散发它的清香。

没有始终波澜不惊的大海，也没有永远平坦的大道，人生的道路也不可能是一帆风顺的。在前进的道路上，每个人不可避免地会遇到灾难、失业、失恋、离婚、破产、疾病等方方面面、大大小小的坎坷。

这时候，我们陷入痛苦的情感之中实属自然。但是，若不想让痛苦一直主宰自己的生活，若想在事业上有所建树，你就需要在坎坷中静下心来，调整自己的内心，你会发现坎坷很美，是让自己成长和完美的助推剂。

人生如茶，品茶如品人生。凝神观看杯中那沉浮的茶叶，同样是上好的铁观音，用温水沏成的茶，茶叶就轻轻地浮在水面上，没有沉浮，茶叶便不会散发它的清香；而用沸水冲沏的茶，冲沏了一次又一次，浮了又沉，沉了又浮，茶叶就能释放出它春雨般的清幽、夏阳似的炙热、秋风似的醇厚、冬霜似的清冽。

红尘中的芸芸众生，又何尝不是茶呢？那些不经历坎坷风雨的人，就像温水沏的淡茶，平静地悬浮着，弥漫不出生命和智慧的清香。而那些栉风沐雨、饱经沧桑的人，就像被沸水沏了一次又一次的茶，于浮浮沉沉中溢出了生命的一缕缕清香。

由此不难得出这样一个结论：当你遭遇坎坷的时候，不要让自己沉浸在痛苦之中，静下心想想自己可以从中学到什么，感谢坎坷给了你展示生命清香的机会。

由于是家中的独女，自小被父母万般疼爱和照顾，晓梦就像温室里的花朵一样脆弱，这不，她最近因为工作上遇到了些小坎坷，就嚷嚷着不再去上班了，将自己一个人关在屋子里，整天唉声叹气、痛哭流涕。

身为大学教授的父亲，突然意识到晓梦之前的生活太顺利了，意志力和承受力严重薄弱，她必须要改变这些不好的状况。但是，父亲没有给晓梦讲那些开悟人的大道理，而是把晓梦带进了厨房，一堂"生活实践课"从此改变了晓梦。

父亲把3个同样大小的锅里装满一样多的水，然后将一根胡萝卜、一个生鸡蛋和一把咖啡豆分别放进不同的锅中，再把锅放到火力一样大的3个炉子上去烧。不到半个小时，在晓梦的疑惑中，父亲将煮好的胡萝卜和鸡蛋放在了盘子里，将咖啡倒进了杯子，微笑地问晓梦："说说看，你见到了什么？"

"当然是胡萝卜、鸡蛋和咖啡了。"晓梦一头雾水。

"那么，你再来摸摸或用嘴唇感受一下这3样东西的变化吧！"父亲说。

晓梦虽然疑惑不解，但还是照做了。

这时，父亲不再微笑，而是十分严肃地看着晓梦说："你看见的这3样东西是在一样大的锅里、一样多的水里、一样旺的火上，用一样的时间煮过的，可它们的反应却迥然不同：胡萝卜生的时候是硬的，煮完后却变得绵软如泥；生鸡蛋是那样的脆弱，蛋壳一碰就会碎，可是煮过后连蛋白都变硬了；

咖啡豆没煮之前也是很硬的，虽然在煮过一会儿后变软了，但它的香气和味道却溶进了水里，变成了香醇的咖啡。"

见晓梦似乎仍然不解其意、一脸茫然，父亲便接着说："孩子，面对生活中的坎坷，你是像胡萝卜那样变得软弱无力，还是如鸡蛋一样变硬变强，抑或像一把咖啡豆，全身受损却不断向四周散发出香气呢？简言之，生活中的强者会让自己和周围的一切变得更加美好而富有意义。"

听了父亲的这番话后，晓梦终于明白了父亲的良苦用心，她红着脸低下头，为自己这段时间的表现而惭愧。从此，无论生活中再遇到什么坎坷的时候，晓梦总是能够快速地战胜痛苦，快乐积极地开始新的每一天。

人逢于世，遭遇凄风苦雨实属自然。对于弱者来说，坎坷是一道难以跨越的门槛，是泯灭意志甚至导致沉沦的深渊；而对于强者而言，坎坷则是磨炼意志的训练场，是助其成长的必经之路。

法国大作家巴尔扎克说过："苦难对于天才是一块垫脚石，对于能人是一笔财富，而对于弱者则是万丈深渊。"人格的伟大无法在平庸中形成，只有历经坎坷的磨难后，视野才会开阔，灵魂才会升华。巴尔扎克的一生的确也印证了这点。

巴尔扎克虽为贵族出身，但一生坎坷。小时候母亲对他冷漠无情，他不但缺少母爱，并且好像是家庭里多余的人。巴尔扎克后来回忆这段生活，曾愤愤地说："我经历了人的命运中所遭受的最可怕的童年。"

从学校毕业后，为了获得独立生活和从事创作的物质保障，巴尔扎克曾试图并插足商业，从事出版印刷业，但都以破产告终。从1819年夏天开始，他整天躲在一间简陋寒酸的阁楼里伏案写作，他不仅先后经历过 18 次退稿，还在与书商打交道的过程中受骗，以致负债累累。为了躲避债务，巴尔扎克不得不多次迁居，他对朋友说："我经常为一点面包、蜡烛和纸张发愁，我常像兔子一样四处奔跑。"

经历了太多社会中混乱的人情世故，遭逢过无数的否定和不幸，巴尔扎克的生活几乎是一团杂草，但是他并没有沉迷于这些痛苦的黑暗中，而是默默地体味着生活，从而增加了无限的感悟，积累了丰富的写作素材。与此同时，他继续坚持创作，并且潜心研究哲学、经济学、历史、自然科学、神学等领域，积累了极为广博的知识。这就是为何他的作品集能令人潜心拜读、能够成为伟大作家的奥秘。

不受宠爱、被骗负债、屡遭退稿、穷困潦倒……这些坎坷足以打倒一个人，但是巴尔扎克的一大优点是能在如此不利与艰难的遭遇里静心思索、不屈不挠，他便是被沸水沏开的那壶好茶，因此他走出了纷扰和痛苦，收获了成功与快乐。

3000 年前，《孟子·告子下》中就提到了这样的观点："故天将降大任于斯人也，必先苦其心志，劳其筋骨，饿其体肤，空乏其身，行拂乱其所为，所以动心忍性，增益其所不能。"

坎坷，是成长的助推剂，是前进的发动机。无须对不佳的际遇、一时的坎坷抱怨，乃至痛苦逃避，静下心来借此丰富自己的阅历、提高自己的能力，你就能将其变成美好未来的前奏，生命如花般尽情绽放。

人生如茶，用坎坷沏开自己吧。

在坎坷中静下心来，调整自己的内心，你会发现坎坷中要学的东西还有很多，如此，视野会更开阔，灵魂会得到升华。坎坷是让我们成长和完美的助推剂，因此，无须让自己沉浸在痛苦之中，学着感谢它吧。

第四章
保持微笑，让心之海域畅通无阻

笑容是最普通但也是最具感召力的表情。开心时扬起的
笑容是对自己或者他人的肯定，而在逆境中的笑容则是一种
相信未来的态度。学会克制，不能忘记，时刻要笑对世界。

1. 待到冰雪消融，才有春暖花开

人生路上我们要学会浪多，学会乐观面对生活，把烦恼用微笑所掩盖。
学会快乐，一切都会起过来。

在行走的路途中，没有谁完完全全是命运的宠儿，在为自己理想和目标
奋斗的过程中，很多人都经历过刻骨铭心的伤痛。这些伤痛或许是一段情感
的破裂，也许是接近成功顶峰时的一次无意跌落，或许只是无意中错过了一
次自己喜爱的明星的演唱会……

受伤的时候需要疗伤，而疗伤的方式又有很多，其中有一种方式叫作伤
而不言。按照平常人的观念，既然已经受伤了，为什么还要将这种不愉快隐

匿在心里呢？其实，每一次将伤口展示给人看的过程，都是将尚未结痂的部分重新撕裂，这种苦痛只有自己知晓。

一个经常沉浸在自己的悲伤中，总是茫茫然感受不到快乐的人，他的人生必定是黯淡无光的。自伤自怜会让人无心去注意身边的美好，会让人无法享受愉快的生活。自伤自怜像一片泥潭，让人泥足深陷，难以自拔。总是在悲伤的人，又怎么会注意人生中的阳光，又怎么会让阳光来照亮自己的人生呢？

唐婉是个一出生就双目失明的孩子，她的世界里永远都只是无边的黑暗。唯一能让唐婉感受到快乐的就是音乐，音乐仿佛就是她的生命一般。但不幸的是，在一次意外中，唐婉的世界甚至连声音也失去了。然而没有色彩没有声音的世界并没有让唐婉陷于自伤自怜之中。唐婉开始用盲文写作、谱曲，把自己对家人的感恩、自己对这个世界丰富的想象记录下来。虽然遭受了一连串的打击，但整个家庭因唐婉的乐观开朗而充满着幸福的笑声。

唐婉的遭遇是惹人同情、令人惋惜的，但是她并没有让自伤自怜遮住人生的光芒，没有因自伤自怜让自己的人生变得黯淡，反而乐观开朗，使自己的人生更加美丽地绽放。

人生在世，遇到伤害是在所难免的。我们在面对挫折的时候，只要持之以恒，不放弃，坚持到底，就一定会成功的。遇到伤害是不幸的，但是，如果被伤害打败了，就更加不幸了。所以，我们要学会化解伤害。

一位美国科学家曾经进行了一项实验，在实验中，这位科学家把人呼出的气体注入一种液体之中，观察不同情绪下人呼出的气体对这种液体的影响。经过特殊的测量手段后发现：当一个人心情平静的时候，这种液体是没有明显的变化；而伤心的时候，则会产生白色沉淀；最严重的是一个人生气的时候，液体就会变得很混浊。他进一步实验发现，人生气时所产生的分泌物在某种情况下甚至可以毒死一只老鼠。

据此，他根据自己的研究计算出：一个人如果生10分钟的气所消耗的体能一点也不亚于做一个3公里的长跑。科学家做出这样的结论：一个人一生的寿命中，有很大程度上不是老死的，而是被气死的。所以我们不能让怒气待在心中太久，应该想办法把它们以一种无损的方式发泄出来。

而所谓"无损发泄"，是指一个人在释放消极情绪时，所采取的行为既不会对自己，也不会对社会和他人造成伤害。一般来说，人的消极情绪主要有两种发泄方式，即消极发泄和无损发泄。消极发泄是一种有损性发泄，这种发泄具有一定的破坏性，有可能对自己或者他人、社会造成不应有的伤害和影响。而无损发泄则是一种积极发泄，它是通过积极主动的方式，将心中积聚已久的失落和压抑情绪，进行及时的疏导排泄，从而使心理处于平衡状态。从本质上看，无损发泄是在理性支配下的发泄，也是一种有道德、有修养的发泄。

很多艺术家的脾气都很大，著名指挥家托斯卡尼尼也不例外。他经常会为了一点点小毛病而暴跳咆哮，有时候甚至把乐谱丢进垃圾桶，这让周围的人非常的不习惯。

有一次，他在指挥乐团演奏一位意大利作曲家的新作时，乐队整体表现得不尽如人意。这使得托斯卡尼尼非常地生气，整个脸孔涨得通红，举起乐谱就要把乐谱扔出去。

但是，托斯卡尼尼举起手后，又缓缓放下了。这份乐谱一旦扔掉以后，所造成的损失将是无法挽回的。因为他知道那是全美国唯一的一份"总谱"，假如被损毁了，麻烦就大了。关键时刻，托斯卡尼尼理智地把乐谱好好地放回谱架，再接着继续咆哮。

或许在不同的时刻，人与人之间受到的伤害是相同的，但是不同的表现却各不相同。在生活中，无损发泄就是你是否对所处情境作出正确的判断，并选择一种无害于自己也无害于他人的方法，托斯卡尼尼放弃扔乐谱而选择咆哮就是其中一种。正如培根所说："无论你怎样地表示愤怒，都不要作出任何无法挽回的事来。"

2. 包容心中的沙粒

> 放下是一种释然，是一种快乐；重拾是一种回归，是一种理性。为了过得好，过得快乐，只能放下仇恨，重拾心情。

我们每个人都是极其普通的凡人，也会有自己的爱恨情仇。在所有的情绪中，愤恨或许是负面效应最大的。因为仇恨是带有毁灭性质的情感，如果自己的心中一直背负着仇恨，那么终有一天，仇恨会吞噬掉一个人正常的情感。

对于一心装着仇恨，企图有天复仇的人来讲，那无疑是给自己套上了一个深深的枷锁。即便有一天将枷锁卸去，那也会留下深深的印记。

刘备当初能够三分天下，拥有东西两川和荆州之地，其中关羽的作用是相当大的。然而由于关羽的失误，荆州被东吴所夺，关羽也被算计杀害。

刘备听说这个消息后，内心十分悲愤，立刻要起兵伐吴，发誓要为自己的二弟关羽报仇。

当时蜀国的另外一名大将赵云劝说道："当今曹氏是众人熟知的国贼，我国的主要仇敌并非孙权。曹操虽然死了，但曹丕却篡汉自立为帝，神人共怒。陛下如果有匡扶天下打算的话，就应该讨伐曹丕，而不是剑指东吴。这是因为倘若一旦与东吴开战，就不容易立刻停止，其他大计就无法实施。还望陛下明察。"

刘备心里也不是不知道其中的道理，赵云所说的话确是审时度势之言。然而，兄弟惨死的情形让他的心中已充满了复仇怒火，发誓要向东吴开战。他对赵云说："孙权杀害了我的二弟，还有其他忠良志士。这是切齿之恨，只有食其肉而灭其族，方能消除我心中的仇恨。"

赵云再次劝道："如今曹丕篡汉的仇恨，是我们大家共同的仇敌；兄弟之间的仇恨，只是私人的仇恨。再次希望陛下以天下为重，不要因私人仇恨而乱了自己的心志。"

刘备甩袖反问："我不为义弟报仇，纵然有万里江山，又有何意？"遂起兵伐吴，欲扫平江东，但最后落得个火烧连营、白帝托孤的下场。

刘备的结局其实在他决心为兄弟复仇的那一刻就已经注定了。他内心愤怒的情绪让他丧失了最后的理智。假如他能够静下心来，不让恨意充斥着自己的头脑，设定详细的战略、审时度势地分析目前的情况。那么局势说不定就能很快被扭转。

一个内心充满着恨意的人，他的内心总也达不到平静的状态，也就无法正常看待这个世界。曾有人说过这样一句很有哲理的话："生活的一半是倒霉，另一半是如何处理倒霉。"这看似戏谑的话其实蕴含着人生中的重要哲理。那就是我们人生最终的成败悲喜，就在于我们的另一半，也就是处理倒霉的态度之上。

南非前总统曼德拉是南非的民族英雄，在被白人政府关押了 27 年之后出狱。1994年5月9日，曼德拉正式被国会选为总统，在宣誓就任总统的典礼上，他出乎意料地邀请了曾经看守他的3名狱警作为重要的客人来参加他的就职典礼。

当曼德拉把狱警介绍给来宾的时候，整个现场乃至世界都安静无声。毫无疑问，曼德拉的这一举动把人们惊呆了！因为谁都知道，这3名狱警在狱中不仅没有友好地对待他、照顾他，甚至还曾经想方设法地虐待过他。难道曾经发生的一切，曼德拉一点儿不记得了吗？

就在大家迷惑不解的目光中，这个饱经沧桑的老人对着周围的人发出了这样的感慨："当我走出囚室的那一刻，双脚迈过通往自由的监狱大门，我已经清楚，如果自己不能把怨恨留在身后，那么我其实仍在狱中。"

曼德拉之所以被人们称为伟人，是因为他能够用恰当的方式消除过去的仇恨。换言之，如果我们对于过去让自己难堪的事情耿耿于怀，那么将无异于一生住在无形的"心的牢狱"里面，自己的生命将永远也得不到解脱。对于曾经虐待自己的狱警，曼德拉不仅没有选择仇恨，更是不计前嫌地包容他们，将仇恨消于无形，也让人们更加敬重他的品格。

千万不要用仇恨的态度来编织一座让人无法逾越的"心牢"，在仇恨别人的同时也牢牢地束缚了自己。长期将仇恨记在自己的心里，等于长期地在自己的心头重演被伤害的过程。这样的结果只能是让自己一次次地痛苦，一次次地难过。

要知道，怨恨会使我们失去原有的冷静与理智，使我们无心维持正常的生活秩序，使自己的生活越来越糟。怨恨别人只是在对自己进行惩罚而已。

3. 人生没有删除键

选择一种不后悔的心态来待人接物是一种极为冷静的心态。这种冷静所反映出来的就是对待成功的一种态度。成大事的人必须要具备一种一往无前的魄力，而在这其中容不得半点的后悔。

在我们的周围，充斥着越来越多悔恨的声音。这些声音就像是一剂剂的慢性毒药，逐渐消磨人的意志，让人沉溺在后悔之中无法自拔。

在很多时候，做事之前，我们可能设想过这样做会有一定的风险，但是在实施的那一刻我们依然心存侥幸。在结识一个人之前，可能会有人提醒这人可能有问题，但是我们依然相信自己的直觉……如果成功，那将有众多的理由，而一旦失败，悔不当初的情绪就会油然而生。但是，当初既然作出了选择，那就要有勇气来承担未知的结果。无论这个结果是好还是坏，都应该用一种坦然的心态去接受。

有个人做事情的特点就是雷厉风行、风风火火。他是个生意人，在他的人生哲学里，就没有后悔两个字。一次结识错了一个朋友，被骗走了一笔钱。有人问他是否后悔，他回答说："有什么好后悔的，一笔钱看清了一个人，这也值得了。"还有一次，他错判了一次行市，让他蒙受了巨大的损失，有人问他是否后悔，他的回答依然是："这有什么好后悔的，就当是花钱买教训了。"慢慢地，他的朋友越来越多，生意也越做越大。

在人们的生活经验中，往往有这样一种现象：越是难以得到的东西，在人们的心目中的地位也就越高。越是已经无法挽回的东西，人们在心中给它的期望值越大。在很大程度上，人们是依靠着各种各样的欲望和追求走到了今天，如果每一样欲望都能够得到完美的满足，那人类也不是如今现在的样子。正是有了种种的遗憾，才会让人产生敬畏之心，才能够产生秩序和规则。

一个年轻人离开故土，决心开辟一条属于自己的路。少小离家，心中难免有几分惶恐。他动身前要办的一件事情就是去拜访本族的族长，请求他给自己一些忠告。

老族长听说本族有位后辈即将踏上人生的旅途，就随手写了三个字"不要怕"，然后抬起头，望着前来请教的年轻人说："孩子，人生的忠告只有六个字，今天先告诉你三个，供你半生受用。"

20年后，这个从前的年轻人已到中年，他在异乡奋斗有了一些成就，也多了很多伤心事。归途漫漫，近乡情怯，他又去拜访族长。到了族长家，他才知道老人家几年前就已去世。家人拿出一个密封的封套对他说："这是老先生生前留给你的，他说有一天你会再来。"还乡的游子这才想起，20年前他在这里听到人生的一半忠告。拆开封套，眼前赫然又是三个大字："不要悔。"

花开一季，人活一世，谁都希望自己的人生是了无遗憾的，谁都希望自己所做的事情永远正确。但是在生活中有太多的幻想都败在残酷的现实里。人非圣贤，做错事是再正常不过的。在走过弯路之后，很多人都觉得悔不当初。能够后悔是一种很正常的自我反省，但是，如果我们紧紧抱着后悔不放，生活在惭愧和自责里，那很有可能会毁掉我们的一生。

　　往事不可谏，来者犹可追。用平和的心态来分析自己曾经犯下的错误，然后从错误中汲取教训，随后再将这种错误忘掉，这才是一个成大事者的正确态度。

　　有一位知名的艺术家非常有才华，拥有众多的仰慕者。一天，一位女子敲他的门，对他说："让我做你的妻子吧，错过我你将再也无法找到比我更爱你的女人了。"艺术家虽然也很中意她，但是仍然拿不定最后的主意，只得回答说："让我考虑考虑！"

　　发生这件事情以后，这位艺术家绞尽脑汁地反复衡量，将结婚与不结婚的好坏之处分别列下来，最终却悲哀地发现好坏其实是均等的，他依然不知该如何选择……于是，他陷入长期的苦恼之中。

　　到了最后，艺术家得出一个属于自己的结论："人若在面临抉择而无法取舍的时候，应该选择自己尚未经历过的那一个，不结婚的处境我是清楚的，但结婚后是个怎样的情况我却不知道。正是鉴于这种情形，我该答应那个女子的央求。"于是，艺术家来到女人的家中，问女人的父亲说："你的女儿呢？请你告诉她我考虑清楚了，我决定娶她为妻。"此时女人的父亲冷漠地回答："你来得太晚了，十年前她就已经嫁人了。我女儿现在已经是三个孩子的妈了。"

艺术家听了这个消息后整个人几乎崩溃，他陷入了深深的懊悔中……三年后，艺术家抑郁成疾。临死前，他将自己所有的作品丢入火堆，只剩下一段对人生的注解：如果将人生一分为二，前半段的人生哲学是"选择好"，后半段的人生哲学是"不后悔"。

　　及时忘掉那些让我们感到后悔的事情，才能使我们找到更多的快乐和幸福。法国作家蒙田说过这样一句话："如果容许我再过一次人生，我愿意重复我的生活。"这在很多人眼里是一种不可思议的行为，假如人生可以重来，那自己将会有多少种选择呀。事实上，蒙田敢于这样说，是因为他在后面还有一句话："我向来不后悔过去，也不惧怕将来。"这个世上有无数的机缘、巧合，我们错过的何止是一次？没有谁能够说自己永远不后悔，但我们可以从现在起开始去掌管每一次属于自己的机缘，只有把握好现在，才不会制造下一次的"后悔"。

4. 梅花香自苦寒来

苦涩过后的茶是清香的，这就好比是遭遇痛苦后的荣耀。

品茶是一项极具挑战的事情，现在真正懂茶的人越来越少，不是因为茶叶质量下降，而是人已经太过急躁，没有机会领略茶的真谛。在一般人看来，茶只是众多饮料中的一种，具有一些保健功能。事实上，茶在我国的传统文化中具有相当高的地位，品茶能够品出人生的滋味。

经常喝茶的人都知道，茶的第一遍往往是苦涩的。当小小的茶叶在沸水里不断翻滚的时候，恰如刚刚进入社会的人，要想成才，必须要舍得让这个社会不断地打磨自己，不断地上下翻滚之后，隐藏在茶叶中的香气才会缓缓而发。很多人无法经历这一阶段或者说无法忍受第一杯茶的苦涩而选择了放弃。

这时的茶叶往往会释放出全部的精华，这就是人生的顶峰。但如果品茶到此结束，那依然是一个不求甚解的外行人。真正懂茶的人会慢慢品味茶的最后一遍，这就是平淡的滋味。此时的茶犹如历经风霜的老者，值得人去慢慢回味。最后一遍的茶往往很淡，但是就是这种平淡让一切有了别样的味道。

伟大的人物深陷痛苦的时候，他们并没有选择退缩，而是通过自己的努力在苦难中展示出自己的才华和价值。即便身处各种困苦之中，即便各种艰难的物质条件给人种种限制，但是他们的心灵依然是自由的，哪怕只有最后的一点点力量，他们也会散发出耀眼的光芒。

人的选择是有倾向性的，大部分的人只是习惯去看到成功者光鲜的一面，但是对他们在痛苦时的表现却视而不见。有人说这是不公平的，但事实上，一个心灵强大的人早就将这种不公平看得异常平淡。

不经一番寒彻骨，怎得梅花扑鼻香，没有谁能够随随便便成功的。长在温室中的小花永远不能体会阳光、风雨的魅力，温室中的小树苗可能会娇艳无比，但它永远也没有可能成长为参天大树。

在浩瀚的海洋里生活着很多鱼，几乎所有的鱼都有鱼鳔，但只有一种鱼除外，那就是鲨鱼。没有鱼鳔的鲨鱼照理来说是无法生存下去的，因为它行动极为不便，在海洋里只要一停下来就很容易沉入水底而丧生。所以，为了生存，鲨鱼只能不停地运动。没有人能想象鲨鱼为了生存吃了多少苦，付出了多大的努力！鲨鱼的一生是辛苦的，因为它们从出生开始，所要面对的就是永不停歇的运动，直至死亡。

其他的鱼类都拥有鱼鳔，可以自由地沉浮。然而，很多年以后，鲨鱼却因此拥有了强健的体魄，成了同类中最凶猛的鱼。如果没有这样苦难的生活，恐怕也很难成就鲨鱼在海洋里的霸主地位。

每个人在实际生活中的境遇是不可能完全相同的，有人成为可以在海底自由自在的普通鱼类，而有人则成为了没有鱼鳔的鲨鱼。或许普通鱼类更加适合海洋的生活环境，但是鲨鱼最终却统治了海洋。没有人愿意天生在苦难中生活，与其抱怨上天的不公，为什么不拼命地游动，最终进化成一只鲨鱼呢？

5. "享受"苦难带来的幸福

在苦中作乐，把苦难当成一种经历，快乐地去"享受"时，你也就找到了一条辉煌的路。

有人为什么会觉得生活很苦闷，那是因为他将受苦太当一回事了，也就是说，太看重苦闷这种状态带给自己的影响。人们常说苦乐人生，人生中的苦难原本就无法避免。在遭遇到苦楚的时候，要学会用笑容化解。

有一位商人由于经营不善欠下了一大笔的债务，在得知他没有偿还能力的情况下，借债人纷纷前来讨债。巨大的压力之下，他的神经已经到了接近崩溃的边缘。无奈之下，他萌发了要结束自己生命的念头。

这时，苦闷至极的他想到了大学时期的一个哥们儿。他们曾经相当要好，只是随着商人在社会上不断打拼，与朋友们的联系也变得越来越少了，只是得知他在一个很偏僻的地方开了一家小农场。

于是他历经辗转找到了那个农场。当时，正值盛夏时节，农场里种植了一大片西瓜。朋友见他到来自然是十分高兴，热情地摘了几个西瓜请他进行品尝。

对身边的事物好久都提不起兴趣的商人吃过西瓜后对西瓜的味道赞叹不已，就顺口说了一句："种这些西瓜应该很容易吧。"朋友笑着说："四月播种，五月锄草，六月除虫，七月守护……有一年，就在收获前，一场冰雹来袭，打碎了他的丰收梦；还有一年，正当西瓜花大量盛开的时候，一场洪水让这一切都泡汤了……"

商人听完后，联想到自己的遭遇，不由得感慨了一声："真不容易呀！"朋友这一次笑了："其实，和老天爷打交道吃一些苦头是再正常不过的事情。不经过风雨的西瓜，味道永远不是最甜的。"

商人若有所悟，一直紧锁的眉头也舒展开来。回到城市，他咬紧牙关，将这次的不顺和困苦当作人生的一场考验，最终重新崛起，成为一名现代化企业的老板。

苦是人生的一种自然姿态，有苦才能知道甜是多么的美妙。选择以苦为乐，用笑容来化解痛苦是一种大智慧。

在人生的道路上，谁都有遇到苦难和挫折的时候，可你怎么能以此就否定自己呢？你怎么知道自己不行呢？这又是谁告诉你的呢？用以苦为乐的心态来面对苦楚，生活会给予人们别样的惊喜。

莎士比亚说："聪明人永远不会坐在那里为他们的损失而哀叹，却用情感去寻找办法来弥补他们的损失。"

蒲松龄 19 岁那年初应童子试，最终以第一名的身份考中了秀才。他的文章深受当时的山东学政愚山先生的赏识。

但是没过多久，蒲松龄一家便分家了，而分家分得又不是很公平，他的两个嫂嫂能打又能抢，而蒲松龄的妻子刘氏非常的贤惠。在无奈之下，蒲松龄开始了自己私塾教书生涯，而这种生活只能补贴自己的一些开销。到了30岁以后，因为父亲去世了，蒲松龄还要赡养他的老母。他已经穷到"家徒四壁妇愁贫"的程度。

在这种苦闷的日子中，蒲松龄并没有唉声叹气，而是选择了另外一条可以缓解自己压力、展示自己文学才华的道路，那就是写鬼怪小说，这也就是我们熟知的《聊斋志异》。关于这本书的成书过程，有一个很有意思的说法，说蒲松龄为了写《聊斋志异》，在他的家乡柳泉旁边摆茶摊，请过路人讲奇异的故事，讲完了回家加工，就成了《聊斋志异》。

这种说法是站不住脚的，鲁迅先生对此已经分析过了。蒲松龄一生穷苦，过了不惑之年依然为稻粱谋，基本不太可能悠闲地摆摊请人喝茶。

但是，就是在这种生活中，蒲松龄并没有悲观，而是不管听到什么人说，听到什么稀奇的事，他都收集起来写小说。就在这些稀奇古怪的故事中，蒲松龄找到了自己的快乐之道。

当不止一次地落榜让蒲松龄几乎失去了科举信心时，他没有逃避，他选择了用鬼怪的笑容来化解冰冷的苦难，甚至能够苦中作乐。一位作家曾经说过："命运总是喜欢让伟人的生活披上悲剧外衣，并且在他们前进的道路上设置重重障碍，以便让他们在追求真理的征途中锻炼得更加坚强。命运戏弄着这些伟大人物，但这是大有补偿的戏弄，因为艰苦的考验总会带来好处。"

与其在苦难中迷失，不如选择在苦难中选择微笑。这种微笑能融化心头的冰冷，让我们心里愉悦。与其让苦难给自己背上包袱，不如轻装上阵。

6. 放空自己，学会"归零"

放空自己更多表现的是一种心态。只有懂得"归零"的人才会明白成和败、输与赢都是人生中应该放弃的浮华；只有时常给自己归零才能时时提醒自己跃升。

在一堂哲学课上，教授拿来一个杯子，将一块和杯子差不多大小的石头放了进去，然后问学生，这还能放进去其他东西吗？同学们都说不能，因为杯子早就满了。

教授又拿出一把碎石子，然后将碎石子放到了杯子里。教授又开始问，这个小小的杯子还能融入些其他的东西吗？这一下学生开始变得谨慎了，但是大部分同学依然肯定地说不能。教授又微笑着拿出一小堆沙子，放到了杯子里，然后摇匀，直到所有的缝隙都被细细的沙子覆盖。

教授继续微笑着问，这个杯子里还能放东西吗？学生有些发懵，不知道该怎么回答了，但是从教室的角落里还是传出了一些声音，非常肯定地说不能了。只见教授又拿来一小杯水，慢慢地倒入了杯子之中，然后又问还能放进去其他东西吗？这下所有的学生都不说话了，一起看着教授还能有什么花招。教授笑了，将杯子里的所有的东西都倒入了附近的垃圾桶，使它又变成了一个空杯。然后教授指着空杯说："这不是还能装其他东西吗？"说完，教授笑了，学生们也笑了。

教授用现场的演示给学生们传达了一个信息，那就是当自己的潜力使用殆尽的时候，可以用一种空杯的心态来进行调节。所谓的空杯心态是一种对自我的永不满足，及时对自己所掌握的知识进行调整和处理，清空那些陈腐过时的旧知识。空杯心态还要求人们不能沉迷于过去的成功，要随时调整自己来适应新的变化，要有敢于清空自己的勇气，也要有笑对未来的信念。

众所周知，贝利是一代球王，在他20多年的足球生涯中，他创造出了各种匪夷所思的纪录，其中就包括了一个队员在一场比赛中射进8个球的纪录。贝利超凡的个人球技不仅征服了观众，也征服了对手。很多球员甚至以在比赛的过程中防守贝利而感到无比地骄傲。

在他个人的进球纪录满上1000个的时候，有记者采访贝利问道："您认为自己哪一个球踢得最好？"贝利笑了笑，然后意味深长地说："下一个。"

在通往成功的道路上，当实现一个阶段性目标的时候，就应该将过去清空，把心态调整为零，把原来的成功看成是下一次成功的起点，开始不断地准备迎接新的挑战。也只有这样才能攀登新的高峰，获得新的成就。最主要的是，在心态上"虚"了，身体上才能"实"，思想上才能允许我们接受更多的知识，行动上才能做到不耻下问，使我们不断进步。

哈佛的大学校长来北京大学进行访问的时候，讲述了这样一段属于自己的特殊经历。有一年，哈佛校长向学校请了3个月的长假，然后告诉家里人："不要问我去什么地方，我每个星期会给家里打个电话报平安。"

在交代完一切以后，这位哈佛的校长孤身一人来到了美国南部的一个村庄，开始了全新的生活。在这里，他尝试了很多种以前想都未曾想过的生活方式，到农场打工，到饭店去洗盘子，等等。

等到这位哈佛的校长重新回到自己熟悉的岗位后，他突然发现以往觉得枯燥而烦琐的工作在一时间也变得有趣，他已经将现在的工作当成了一种享受。这种原始回归的初衷或许只是为了体验一下生活，但是实际上在不知不觉中已经将多年心中积攒的垃圾清理干净了。

一个人要想获得成功，肯于将自己摆在一个不断向前的位置上，那么除了增加"杯子"的容量之外，还有一个方法就是将"杯子"里装的水倒掉。人的大脑就像人们常用的电脑一样，只有不断删除那些过时的垃圾文件，才能存入新的东西。

经常进行归零处理，才能让自己在成功的道路上身轻如燕。

7. 敞开心胸，追寻快乐的出口

在与我们打交道的人群中，其中有一部分或许可以与我们志同道合，但还有一部分却难以相处。面对这样的情况，只要能够以德报怨，用笑容化解仇恨，那么敌人也能够成为朋友。

新文化运动刚刚兴起的时候，其基本的主张就是废除古文，力推白话文。虽然林琴南的白话文十分流畅，但是却竭力反对新文化运动，成了反对胡适的"大佬"。在与新思潮的论战中，他不仅致信蔡元培明确表示反对新文化，而且还通过小说、杂感、评论等辱骂胡适等人。在其中的两篇短篇小说中，《荆生》和《妖梦》极尽挖苦和讽刺之能事，将胡适等人描绘得十分粗鄙和刻薄。

林琴南把学问用在了笔墨调侃，甚至文字骂战中，这让很多人都看不下去。《新青年》的陈独秀、钱玄同、刘半农等人更是义愤填膺，打算化名写文章反击林琴南，但胡适极力反对这样做。胡适认为："化名写这种游戏文章，不是正人君子所为。"由于胡适的态度坚决，《新青年》终究没有用假名同当年已经68岁的林琴南"刀来枪往"。

面对胡适的大度，林琴南也觉得自己的行为可能有些过分了，于是亲笔写信给报馆，公开承认了自己的错误。对于林琴南的长处和贡献，当时作为文化领袖的胡适常常给予十分中肯的评价。在林琴南的一生中，对外国文学引入中国有相当大的贡献。此外，林琴南还能诗善画，是一个罕见的全才。

1924 年，林琴南去世，胡适在《晨报》发文纪念。文章说："我们晚一辈的少年人只认得守旧的林琴南，而不知道当日的维新党林琴南；只听得林琴南老年反对白话文学，而不知道林琴南壮年时曾做很通俗的白话诗，这算不得公平的舆论。"

胡适要给林琴南一个"公平的舆论"，特意抄录了林琴南所写的五首白话诗，和自己的纪念文章一同发表，着力证明"当日确有一班新人物，苦口婆心地做改革的运动。林琴南老先生便是这班新人物里的一个"。

1928 年春，胡适在上海读到了一篇小说，题目是《燃犀》。小说的主要目的是隐射攻击已经死去的林琴南，写作手法效法当年林琴南骂胡适一样。胡适读后当即给这家报社写信，要求转达和告诫那个作者："我们可以不赞成林先生的思想，但不能污蔑他的人格！"

胡适的宽容让他获得了尊重，这种尊重不仅来源于朋友，更源于对手。胡适先生的人格为他赢得了很高的赞誉，也让他成为了当时文化界人缘最好的人之一。

自古以来，"君子之交淡若水，小人之交甘若醴。君子淡以亲，小人甘以绝"。真正的友谊是可以经受住考验的，朋友之间不会计较得失，会彼此付出。当然，有些时候，哪怕是对手，只要拥有了宽容之心，也会成为朋友。

蔺相如是战国时期赵国的大臣。他在两次出使中，以聪明机智的应对保全赵国颜面，受到赵惠文王的器重，拜他为上卿。

赵国大将廉颇对蔺相如被封为上卿一直心怀不满，他认为自己作为赵国的大将，一直出生入死，攻城略地，扩大疆土，没有功劳也有苦劳呀！怎么蔺相如凭着要耍嘴皮子就身居高位了呢？对此，廉颇气愤不已，他下定决心，一定要给蔺相如点颜色看看。

廉颇的这种想法被蔺相如的门客知道，迅速通报了蔺相如，但蔺相如只是微微一笑，说："我知道了。"从那天开始，蔺相如为了不使廉颇在临朝时位列自己之下，所以总称病不上朝。

一天，蔺相如带着门客坐车出门，远远看见廉颇的车马迎面而来。蔺相如立即下令退到小巷里去，让廉颇的车马先过去。这件事引起了蔺相如门客的不满，大家纷纷说："难道您怕他吗？不上朝已经让着他了，现在又让马车！"

蔺相如对门客们解释说："面对强大的秦王，我都一点不畏惧，敢当庭呵斥，羞辱他的群臣，我还会怕廉颇吗？秦国之所以现在不敢来侵犯我们赵国，就是因为有我和廉颇将军。如果我们两人不和，这正中了秦人的圈套，秦国就会趁机来侵犯赵国，因此，我还不如忍让点儿呢！"

蔺相如的话传到了廉颇的耳朵里，他为自己的想法和做法感到惭愧不已，于是赤裸着上身，背着荆条，到蔺相如的家里去请罪。蔺相如见到廉颇，连忙扶起他，说："你我同为赵国的大臣，将军能体谅我，我已经万分感激了，怎么还来给我赔礼呢。我只希望我们两个人能尽力保住赵国的土地，让百姓安居乐业。"这便是历史上著名的"负荆请罪"的故事。

从那以后，廉颇与蔺相如一文一武结为刎颈之交。

在实际的生活中，与他人产生不愉快的情形是无法避免的。如果在这个时候不能采取忍让和宽容，双方的矛盾就会不断激化。以德报怨从来不是示弱，而是一种难得的品格。在自己受到伤害的时候，选择以德报怨，用笑容来消解仇恨，这样的人朋友自然就多。

如果在生活中出现了让人愤怒的人，首先要做的就是保持冷静，然后微笑。如果是朋友，自然而然应该包容朋友的过失和错误，如果不是朋友，肯用笑容来化解仇恨的话，对方也会感受到你的真诚，很可能就能够"化敌为友"了。

8. 嘴角上扬，感受微笑的力量

微笑对于一切痛苦都有着超然的力量，甚至能改变人的一生。

人生不如意之事十有八九，每个人都有痛苦的时候，此时你都在想什么呢？整天愁着一张脸，甚至天天悲痛万分、以泪洗面？可这样有什么用呢？

那么，人如何走出痛苦呢？不妨静下心来，给自己一个阳光灿烂的微笑，用你的微笑去面对痛苦。微笑有着神奇的力量，一旦你学会了阳光灿烂的微笑，你就会发现，痛苦顿时变淡了许多，快乐就在身边。

美国有一位哲学家曾经说过："微笑对于一切痛苦都有着超然的力量，甚至能改变人的一生。"

的确，以开朗的微笑面对痛苦，绝对比绝望而不积极地去解除痛苦有成就感，而且比绝望更令人自信。你会惊喜地发现，痛苦如同冰山一样被消融掉了，快乐变为了生活中永恒的格调，生活充满了无限的美好。

"人，不能陷在痛苦的泥潭里不能自拔，遇到可能改变的现实，我们要往最好处努力，遇到不可能改变的现实，不管让人多么痛苦不堪，我们都要勇敢地面对。用微笑把痛苦埋葬，才能看到希望的阳光。"

这段话摘自颇有影响力的作家伊丽莎白·唐莉《用微笑把痛苦埋葬》一书。伊丽莎白·唐莉曾经是一个生活在痛苦中的女人，不过后来她用微笑将痛苦埋葬，用希望代替了绝望，走过了艰难岁月，让快乐成为生活中永恒的格调。

让我们一起来看看她的故事吧。

"二战"期间，在庆祝盟军于北非获胜的那一天，家住美国俄勒冈州波特南的伊丽莎白·唐莉女士收到了国防部的一份电报：她的儿子在战场上牺牲了。这是她唯一的儿子，也是她唯一的亲人，那是她生命的全部啊。

伊丽莎白·唐莉无法接受这个突如其来的严酷事实，她的精神到了崩溃边缘。她痛不欲生、心生绝望，觉得人生再也没有什么意义，于是她决定放弃工作，远离家乡，然后找一个无人的地方默默地了此余生。

在清理行装的时候，伊丽莎白·唐莉忽然发现了一封几年前的信，那是儿子在到达前线后写给她的。信上写道："请妈妈放心，我永远不会忘记您对我的教导，无论在哪里，也无论遇到什么样的灾难，我都会勇敢地面对生活，像真正的男子汉那样，能够用微笑承受一切不幸和痛苦。我永远以您为榜样，永远记着您的微笑。"

顿时，伊丽莎白·唐莉热泪盈眶，她把这封信读了一遍又一遍，似乎看到儿子就在自己的身边，用那双炽热的眼睛望着她，关切地问："亲爱的妈妈，您为什么不按照您教导我的那样去做呢?"

"是啊,我应该像儿子所说的那样,用微笑埋葬痛苦,继续顽强地生活下去。我没有起死回生的魔力改变现实,但我有能力继续生活下去。"伊丽莎白·唐莉一再对自己这样说,并打消了背井离乡的念头。后来,她打起精神开始写作,著成了《用微笑把痛苦埋葬》这本书,一举成就了她作为一名出色作家的荣誉。

尽管遭遇了巨大的痛苦,但伊丽莎白·唐莉没有盲目地沉溺于痛苦,她静下心来,练习微笑,最终重新拾起欢笑,勇敢地投入新生活的怀抱。她的坚强与勇敢、她的豁达和乐观,深深打动了每一个人。

痛苦是我们人生路途中不能避免的一部分,就像天总会下雨一样。然而,大多数人的苦难比起伊丽莎白·唐莉来所遇到的算是小痛。看到她都能用充满阳光的微笑去面对,我们还有什么理由痛苦呢?

现在,请你对镜自视,镜子里面的那个"他"是不是皱着眉头、一脸苦相,嘴巴紧紧收缩,一副苦大仇深的样子,像是被人偷走了全部家财一样?你瞧,"他"是不是一副痛苦不堪的形象?微笑吧,让痛苦滚开,离你远点!

微笑是一种境界,达到这个境界依靠的是磨炼;微笑是一种心态,要获得这种心态得益于修养。不过,微笑也是一个非常简单的动作,几乎可以说不费吹灰之力,只需将嘴角稍稍向上一扬,一种向日葵般的阳光便折射出来。

不论你目前遇到了多么严重的困境,甚至遭遇了前所未有的打击,不必整天愁眉苦脸、悲痛万分。静下心来,用心微笑,你会发现痛苦感逐渐削减,内心多了几分快乐,生活也因此变得轻松了。

微笑,是一种一笑而过的气魄和勇气,是一种难得的镇静与豁达,如此，其性也平，其情也安，从而便少了痛苦，多了快乐。这就是微笑的力量。不管现实让人多么痛苦不堪，静下心来上扬嘴角，让快乐成为生活的主格调吧。

9. 繁华三千，看淡即是云烟

许多走进山谷的人之所以走不出来，正是他们停住双脚，蹲在山谷烦恼哭泣的缘故。

人生一世，不可能都是一帆风顺的，也许会遇到困难，也许会遭遇挫折，或者会体验各种变故，这时候，有些人很容易会心烦意乱、萎靡消沉，或者痛苦不堪、悲观失望，甚至失去面对生活的勇气。

诚然，这些表现并不为奇，甚至可以说是很正常，但是，如果形成习惯，人就会陷入消极被动的恶性循环而难以自拔。卡耐基大师就曾指出："最容易被人忽略的是，山谷的最低点正是山的起点，许多走进山谷的人之所以走不出来，正是他们停住双脚，蹲在山谷烦恼哭泣的缘故。"

你希望自己一辈子生活在绝望中吗？你甘愿自己一生平庸无为吗？如果你的答案是否定的，那么现在就让自己的心静下来，调整一下自己的心态，学着用积极的心态看待生命中的不幸，你会发现内心获得了全新的感受，不利于自己的局面将一点点打开。

人在生活中，要学会用积极的心态面对生活。所谓积极的心态，就是面对问题、困难、挫折、挑战和责任，从正面去想、从积极的一面去想、从可能成功的一面去想，面对失败、挫折、误解、意外时不会自甘堕落、无所作为，而是阳光般地把生活中的一切当作一种享受的过程。

心态有时会决定人的命运，积极的心态就是转运的阳光。因为，它会让你看到生活的另一面正阳光灿烂，从而激发自身内在的积极力量和优秀品质，最大限度地挖掘自己的潜力，让事情向有利于你的方向发展。

面对生活，既可以从悲观的方面看，也可以从乐观的方面看。不同的是，用悲观的态度对待人生，举目只是"黄梅时节家家雨"，低眉即听"风过芭蕉雨滴残"；用乐观的态度面对人生，则可看到"青草池边处处花"，"百鸟枝头唱春山"。

在经济萧条、企业的寒冬时期，美国企业家理查·狄维士曾告诫我们："人们需要保持着内心积极的力量，自始至终永不放弃。特别是在人生中不如意、不顺心、不快乐的阶段，更是需要拥有充足的心灵资源来支撑度过。"现在我们把狄维士的智慧运用在当下，也未尝不可。

面临人生过程中的逆境时，我们不必绝望、自甘堕落、无所作为，而是要静下心来，及时地调整情绪，改变自己的心态。只要我们以乐观、向上、愉悦的积极态度面对人生，就会发现，生活里原来到处都可以充满阳光，进而走出困境，面向未来。

疾病、愁苦和不幸是蒙桑太太对自己生活的概括，她是一个活在绝望中的女人。她一生结过两次婚，第一任丈夫抛弃了她，和一个已婚妇人私奔；第二任丈夫在他们婚后不久就去世了，无儿无女。

蒙桑太太生命中戏剧化的转折点，发生在镇上的一条大街上。在一个很冷的日子，她走在大街上，突然滑倒了，她的脊椎受到了伤害，使她不停地痉挛，而且昏了过去。医生认为蒙桑太太活不多久了，也绝对无法再行走了。

　　躺在病床上，蒙桑太太利用读书来打发时间，以及麻痹自己。其间，她读到这样一个句子："忧愁、顾虑和悲观的情绪，可以使人得病；积极、愉快和坚强的意志和乐观的情绪，可以战胜疾病，更可以使人强壮和长寿。"

　　这几句话使蒙桑太太意识到自己一直不幸福且生活陷入绝望的问题所在。于是，她开始有意识地调整自己的心态，学着用快乐的、有益的、向上的、光明的心态看待生活，结果她不仅站了起来，还健康地活了下来。

　　"这种力量，"蒙桑太太说，"就像引发牛顿灵感的那个苹果一样，使我发现自己怎样好了起来，开始行走、变得健康。我可以很有信心地说：一切的原因就在你的思想，而一切的影响力都是心理现象。"

　　积极的心态就是转运的阳光，当身处人生的低谷时，我们要学会静下心调整好心态，以积极的心态面对人生，做一个乐观的人，快乐享受生活，如此，生活的阴影将被远远抛在身后，我们随时随地都能面向着太阳。

第五章
坚持自我，构建人生希望的港湾

人们害怕迷失的感觉，因为在迷失的情绪里充满了不确定性。当面临无边的寂寞、面临十字路口的困惑，坚持自己的方向，做最真实的自己，这才是最重要的。

1. 时间会给予坚守的人意外的惊喜

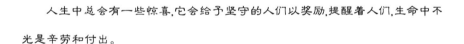

人生中总会有一些惊喜,它会给予坚守的人们以奖励,提醒着人们,生命中不光是辛劳和付出。

对于什么是寂寞，恐怕很难用一个准确的词汇描述清楚。它很少以直接面目示人，总是以一种意想不到的方式向我们袭来。是否耐得住寂寞，是对自己心灵的承诺。有人在寂寞中面对诱惑可以做到从容镇定，不因时间而迷失自己，有人却无法坚守住自己的内心。

守得住寂寞不一定能够成功，但是所有的成功者必定与寂寞进行了艰难的抗争。可以这样说，如何对待寂寞是一个人是否真正成熟的重要标志。在坚守寂寞的过程中，需要一种对人生高尚的信念，对梦想强烈的追求，以及强大的意志力，只有做到这些，才有可能在人生中成就一番大事。没有敢于坚守寂寞的勇气和毅力，那么距离梦想成真的那一天就会越来越远。

　　提到我国的中医药学，有一个不得不提及的名字，他就是李时珍。李时珍出生在一个世代从医的家庭，他的父亲李言闻是当时的名医。但是，当时医生的地位很低，虽然李家人的医术不错，但也经常受到一些官绅的欺辱。于是，李时珍的父亲就让他读书应考，希望他能够考取功名，不再走学医的老路。

　　李时珍天资聪颖，14岁就考中了秀才，但是在以后的时间里，他多次考举人却名落孙山。李时珍意识到应该坚守自己的梦想，专心学医。他向自己的父亲表明了决心："身如逆流船，心比铁石坚。望父全儿志，至死不怕难。"

　　李时珍的父亲被儿子的决心所打动，终于同意了他的要求，并且对他进行了耐心辅导。在行医的过程中，李时珍意识到了古旧医书的局限性，立志要对医书进行修订。于是，他穿上草鞋，背起药筐，开始了自己行医问道的生活。在徒弟庞宪、儿子建元的伴随下，他远涉深山旷野，足迹遍及当时领土的绝大部分地区，以及牛首山、摄山（古称摄山，今栖霞山）、茅山、太和山等名川大山。

　　在实际的调查中，他遍访名医，虚心向人请教，其中还包括采药的、种田的、捕鱼的、打猎的等各色人群。在广泛的积累下，他到达了前人不曾有过的高度。其中，连《神农本草经》都说不明白的"芸薹"，就是在一位种菜老者的指点下，经过察看实物而得知芸薹实际上就是油菜。

　　就这样，李时珍不仅能"搜罗百氏"，又能够"采访四方"，他对传统医书记载进行多方验证，并且善于搜求民间验方，观察并收集药物标本。

经过长期的实地调查和实际诊疗，他搞清了许多药物的疑难问题，终于在万历戊寅年（公元 1578 年）完成了《本草纲目》的编写工作，历时 27 年。

《本草纲目》全书约有 200 万字，52 卷，载药 1892 种，新增药物 374 种，一共记载方子 1 万多个，附图 1 千多幅，成了我国药物学的空前巨著。其中纠正前人错误甚多，在动植物分类学等许多方面有突出成就，并对其他有关学科（生物学、化学、矿物学、地质学、天文学，等等）也做出了不小的贡献。

在李时珍成书的过程中，很少有人知道他耗费了多少个不眠的夜晚，在行走的过程中曾经历多少寂寞。这些寂寞并没有让他放弃，并没有因为时间长而让目标有所动摇。相反，在寂寞的时间里，他放弃了繁华世界给他带来的种种诱惑，坚守住了自己的梦想，最终完成了自己设定的目标。

人们经常说人生苦短，但是要想让苦短的人生迸发出夺目的光彩，不让寂寞迷失自己的内心是非常重要的，而这就源于一种强大的内心信念。

有一位农夫，他所有的财产只有祖上继承来的几亩农田，而种地成了他维持生计的唯一办法，虽然很辛苦，但是只能够满足日常生活。几年以后，城市一点点向郊区扩张，农夫的土地距离城市越来越近，他周围一些以种地为生的农民开始将自己的土地转让给城里的开发商，以期获得不菲的收入。农夫周围种地的人越来越少，有的去城里打工，有的做起了小本生意，收入比以前种地要好很多。农夫的妻子也曾劝过农夫，不要再种地了，进城随便做点什么都比种地强。可是农夫每次都会说："其他活儿我都不在行，只有种地是我的专长，我就继续种地吧。"

很快，城里人发现农夫种出来的粮食比他们买的粮食要好吃得多，因为农夫种地依然用祖祖辈辈传下来的方法，不使用化肥。后来农夫听专家说这叫作"绿色食品"。农夫的粮食越卖越贵，他又乘机买下了其他农民的土地，同样用祖传的方法来种植粮食。

很快，五年过去了，当时不愿进城的农夫成了那座城市最大的绿色粮食供应商，那些曾经放弃自己土地的农民很多又回到了土地上，只不过这一次他们是农夫公司的员工……

很多人在面临选择的时候都像是那些急功近利的农民，从来看到的都是眼前的利益而不是将来。选择坚守寂寞，做自己擅长做的事情，然后把这件事情做到极致后，剩下的交给时间就行了，时间会给予那些坚守的人意外的惊喜。

2. 破茧成蝶，需要等待

失败的滋味是苦涩的，但所包含的道理却是甘甜的。失败和成功都有价值，失败的价值可能更大一些。

常常有人抱怨自己的人生不如意，总是遭受各种无端的挫折，而一旦陷入这样的一个循环，那么越来越多的不如意就会如期而至。很多人习惯将人生比作一场旅行，那些不经意经历的挫折在很大程度上都可以看成旅行中的岔路，只有历经这些岔路之后，才能找到正确的前进方向。

在荒野中迷失了方向，应该感谢上天让你有了一份自救的能力；工作的时候，老板的训诫让你不再犯同样的错误。

熟悉瓷器行当的人知道，绝顶的瓷器是有灵性的，它体现的是烧陶人的性格。而台湾的一位著名陶艺师以其二十年来对陶艺的坚持与喜爱，并不断地向前辈、大师学艺，历经无数次的挫折和失败，最终形成了独具一格的作品特色。

在陶瓷艺术中，这位陶艺师是一名十足的"痴汉"，艺术已经融入了他的生命之中。他总是强调自己的名字中带有火字旁，他很在意这个火，"都说炉火纯青才能让瓷器摇曳生辉"。与传统的瓷器烧制方式有所不同，他通过改变火在窑炉中穿行的过程来烧制别具一格的瓷器。在材料方面，也不同于以往柴烧方式，他更多地运用燃气窑、电窑等多种方式来保证他想要的温度。特别是他最钟爱的小口瓶瓶口的直径只有0.1厘米，工艺难度非常地高。根据这位工艺师的介绍，这样的瓶子，烧10个，9个都会失败。正是这样的工艺难度，才让他往往要埋头于自己的工作室不断地寻求改进的方法。在他看来，正是一次次的挫折让他不断地逼近完美，一次次的失败最终让他成型的作品散发着迷人的光辉。

我想这位陶艺师的成功是多方面的，除了看不见的天赋外，我们看到的是他的坚持。这种坚持来源于他对挫折的理解，来源于对成功信念的不放弃。即便烧制一个自己心仪的陶瓷作品成功率是如此地低，但他坚信自己能够有看到完美作品的那一天。成功后不偏离最初的梦想，受挫后不迷失坚持的方向，这才是一个成大事者所应该有的气度。

在离别时，人们常常喜欢用"一帆风顺"来做最后的结语。但是自然界的常识告诉我们：只有风帆直面风浪的时候，才会顺风顺水。其实，那些人生中的挫折就是吹向风帆的风，只有坚持住，直面它，才有可能顺风顺水地前行。

出生在贵族家庭中的巴威尔·利顿爵士原本可以凭借着家族中的财富享受着自由自在的奢华生活。但是，他最终却选择了写作这样一个行业。众所周知，职业写作并不像外人想象中那样清闲，它完全是一个苦差事，需要经常熬夜，所以当时他的选择遭受到了众多人的质疑。很多人认为他完全是哗众取宠，以前没有丝毫文学才华表露出来的他只是为了满足自己的好奇心，体验一下生活而已。只有巴威尔·利顿本人才知道他坚持这样做是为了什么。

经过夜以继日地煎熬，巴威尔终于创作了自己的首部诗作《杂草和野花》。然而，这部凝结着他心血的作品却被当时的文学界视为毫无价值。一位文学评论家甚至讥讽道："这就是真正的'杂草和野花'。巴威尔那个家伙还真是自不量力，以为凭一句'啊，美好的生活'就能进入作家行列，真是太可笑了。"

第一部作品的失败让贵族出身的巴威尔成了当时文学界最大的笑料，但是他并没有选择放弃，而是将他人的批评看作对自己的激励。于是，他继续埋头创作，过了一段时间，他的首部小说《福克兰》问世，令巴威尔感到沮丧的是，这又是一部失败的作品。经过这次的打击，一些看不惯他的人对他的嘲讽就更加肆无忌惮，认为他根本不可能在文学上取得任何像样的成就。

连续两次的失败并没有让倔强的巴威尔消沉，他笔耕不辍，始终坚持着写作。或许正是这种倔强让巴威尔的文字有了灵感，一年以后，巴威尔发表了自己的第三部作品《伯尔哈姆》。这是一部让评论家和读者都津津乐道的好书。

从失败的阴影中走出来以后，巴威尔继续着自己的文学创作之路。在以后的作家生涯里，他又发表了许多优秀作品，并为广大读者所喜爱。

爱默生说："每一种厄运，都隐藏着让人成功的种子。"巴威尔在一次次的挫折中，他没有被挫折打败，而是在挫折中找寻到了正确的方向。

温室里的花朵即便再鲜艳，它也没有经历风雨后的残花有魅力，一个不历经挫折的人，很难体会到百转千回后柳暗花明的喜悦。

挫折是成长之中的常态，它让强者穿越迷雾，也让弱者无所适从。无论一个人有多么地不愿意面对挫折，但是要想成就一番事业，就必须学会在挫折中忍耐，学会在挫折中辨明方向，学会在挫折中积蓄力量。

3. 用坚忍铸就成功

事业常成于坚忍，毁于急躁。情绪急躁者，往往急于求成，难事当前经常不能冷静地审视客观条件而不慎重地付诸行动，结果每每事与愿违，欲速则不达。

在今天，不知道还有多少人依然坚持着自己的梦想，还有多少人依然坚持等待着梦想成真的那一刻。坚持，其实是对毅力和勇气的极大考验。对于坚持的力量，用最实际的例子或许比语言更具说服力。

1987年，她年仅14岁。由于家庭贫困，辍学的她在湖南益阳的一个小镇上卖茶。与其他卖茶人不同，当时一毛钱一杯的茶，她的杯子总是比别人家的大一号，所以卖得是最快的。

她17岁那年，依靠着自己在镇子上攒下的钱，她将卖茶的摊点搬到了益阳的市区，并且改卖当地特有的"擂茶"。制作擂茶是很麻烦的一件事，但是她凭借着自己的努力，很快便掌握了其中的技巧。她的茶摊前总是显得很忙碌。

20岁，她的职业依然是卖茶，只不过是卖茶的地点从益阳搬到了省城长沙，以前的小摊也换成了一间小门店。喝茶的客人进门以后，其服务周到，价格合理。除了喝茶之余，客人们还总是从这里买上一点茶叶。因为这里的茶叶品质很好，绝对不会出现以次充好的情况。

24岁那年，她已经和茶打了10年的交道。而在这10年后，她在全国各地拥有了50多家茶楼。福建安溪、浙江杭州一带的茶商提及她的名字，总是交口称赞，因为她从来不拖欠茶款，茶商也愿意将最好的茶卖给她这个懂茶之人。

这并不是她的终极目标，她最大的梦想就是让在原本习惯喝咖啡的国度里也能洋溢着茶的香气。按理说，她早已经摆脱了当初困窘的处境，但她的梦想却始终没有变。终于，在她30岁那一年，她把自己的茶庄开到了新加坡，现如今，她已经将自己的茶庄开遍了亚洲。

很多人羡慕她的成功，觉得她是赶对了时机。其实很多人都忽略了一个最简单的道理，那就是坚持的力量。卖大碗茶的人有很多，最终能开上茶楼的人也不在少数，但是最终能够将一杯茶水卖上十几二十年的又有几个呢？

随着社会发展速度的加快和各种新事物的层出不穷，总会出现一些一夜暴富的神话。但是她始终耐心地和茶水打着交道，耐心地与品茶的人打交道。她曾经说："我是个卖茶的，也永远是一个卖茶的，我一定会一条路走到底。"最终，她的坚持让她等到了梦想成真的那一天。

总会有投机取巧的人在寻求成功的秘诀，其实秘诀很简单也很难，就两个字——坚持。任何想要成就大事的人，成则是源于不断地坚持，失败则大多源于半途而废。坚持这两个字有人觉得很难，因为最终能够坚持下来的终究是其中的少数，而有人觉得简单是因为只要愿意，人人都能够做得到。

　　一个内心坚定的人往往不会在乎前方到底还有多少未知的困难，也不会在意自己还要坚持多长时间。在他们的眼中，坚持是最简单也是有效果的一种方式。

　　一次，英国首相丘吉尔被邀请到一所大学进行演讲，而演讲的主题又是有关成功。在演讲的当天，人们将礼堂围得水泄不通，因为有太多的人渴望从中汲取到成功的营养。

　　在演讲之前，全场掌声雷动。掌声过后，人们都翘首以盼。丘吉尔缓缓走向演讲台，慢慢地说："成功的秘诀有三个……"说到这里便沉默了。场下异常安静，人们纷纷准备记录，看看丘吉尔能够说出什么富含哲理的惊人语句。"第一个，是绝不放弃。"话语坚定有力、简练精当。人们在兴奋中静听下文。丘吉尔接着用缓缓的语调说："第二个，是绝不、绝不放弃!"全场在期待着，不知道丘吉尔葫芦里卖的什么药。"第三个，是绝不、绝不、绝不放弃!"丘吉尔大声地说。这几句话说完以后，丘吉尔穿上大衣，戴上帽子，离开了礼堂。在这个时候，整个礼堂异常安静，一分钟后，突然掌声雷动。

　　很多人经常感到不解，为什么很多成功者都资质平平，看上去并不那么聪明。其实原因很简单：那些看似愚钝的人有一种顽强的毅力，一种在任何情况下都心如磐石的决心。他们很少受到周围的诱惑，也不偏离自己最初的成长轨道。

这个世界有时候很吵闹，想要成功，就要在这样的环境中静下心来，专注于某一项事业，内心不受其他欲望和诱惑的摆布。在坚持的过程中，虽然可能会放弃很多机会，但是只有不断坚持的人，最终才能成就一番大事业。

4. 选择坚守，成就美丽人生

在人生面临困惑的时候，可能会面临着种种选择，而在这个时候，坚守自己的内心，不轻率、不浮躁，成功之门终将会打开。

在热映的励志电影中，总有一个导师的角色，而这个角色的最重要的任务就是解惑。具体说来，就是主人公在人生成长中遇到困难的时候，他是负责消除困惑的那个人。现实不是电影，但在每个人的成长历程中，一样会遇到各种各样的困惑。

其实，如果没有困惑，人就很难愿意去思考。只有在困惑的压力之下，人们才会重新去审视自己所处的环境，然后衡量自己的条件，并且作出最有利于自己的选择。而科学家们发现，那些从小喜欢追问问题本源的孩子在后来的成长中往往具有较强的创造性。而这也正是人类不断进步的重要原因。

在法国，有一位少年，他的名字叫作皮尔。他从小就喜欢舞蹈，人生最大的梦想就是成为一名优秀的舞蹈演员。可事与愿违，皮尔的家境非常贫寒，家里没有足够的钱提供给皮尔让他去舞蹈学校学习。于是，家里只能送他到一家裁缝店里当学徒工，一方面希望他学到一门能够养活自己的手艺，另一方面也想让他赚点钱好补贴家用。

一心想成为舞蹈家的皮尔非常地伤心，但是也只能接受这个事实，只得极不情愿地学习缝纫的基本技能。在当学徒的日子里，皮尔一直很困惑，心里一直非常不甘："难道我的理想就这么夭折了吗？难道就这样一辈子做一个与布料打交道的匠人了吗？"他甚至极端地认为，如果真的要这样痛苦和违心地活一辈子，还不如早早结束自己的生命。

就在这种困惑和痛苦几乎要把皮尔燃烧的时候，他想起了自己从小就崇拜的著名舞蹈家布德里，于是决定给布德里写一封信。在信中，他阐述了对舞蹈的热爱。在信件的最后，皮尔写道："如果您不肯收我这个徒弟，我只好为艺术献身跳河自尽了。"

很快，布德里给皮尔回了一封信。在这封信里，布德里并没有提及收皮尔做学生的事情，而是讲了一段自己的人生经历。在布德里小时候，他最大的梦想是当一名科学家。同样是因为家境贫寒，他只能跟一个街头艺人过起了卖唱的日子。

在艰难的岁月里，他非常苦闷和困惑，但是，如果面对困惑就此放弃，那么将是一种极其不理智的行为……最后，他说："人生在世，现实与理想总是有一定的距离，正是因为如此，人们面对困难，才会不断去思考，在理想与现实生活的角斗中学会如何生存。"他告诉皮尔，"一个连自己的生命都不珍惜的人，是不配谈艺术的……"

皮尔看到信件后猛然醒悟到自己的自私和鲁莽，布德里的信件已经打消了他心目中的困惑。后来，他非常努力地学习缝纫技术，努力将做衣服这一件事做到极致。从 23 岁那年起，他在巴黎开始了自己的时装事业。很快，这个年轻人便建立了自己的公司和服装品牌，而品牌的名字叫作皮尔·卡丹。

在人生的很多时候，我们会遇到和皮尔一样的困惑。每当这个时候，有人就陷入了极端，仿佛前面横亘着一道无法逾越的高墙。这时，不妨让自己的内心平静下来，认真思考是什么导致了这样的现状，如果依然没有结果，那就应该换一种思维方式，直接将困惑放置在一边，将眼前力所能及的事情做好。或许，用不了多久，那些曾因为困惑而产生的危机已经被消除干净。

一只老鹰不小心将自己的蛋掉到了鸡窝里，恰巧这个时候母鸡正在孵小鸡。当它从蛋壳里出来的那一天起，小鹰就发现了自己和小伙伴们并不一样，它的羽毛看上去一点也不柔软，总是脏兮兮的感觉；它不会用泥灰为自己洗澡，也不能轻易从土里刨出一只虫子。随着自己身体的快速成长，矮小的鸡棚总是碰到它的头，而小鸡们总是合伙欺负它。

在这样的环境里，小鹰感受不到丝毫的认同感，它对自己的身世感到困惑，对自己的未来感到迷惘。于是，小鹰独自跑到了悬崖边上，想要跳下去结束自己的生命。但是，当它纵身一跃的时候，竟本能地展开了自己的翅膀，飞上了天空。这时的小鹰才发现：自己原来是一只可以在天空翱翔的雄鹰，鸡窝和虫子并不属于它。在天空中的鹰为自己曾因为不是一只鸡而带来的种种痛苦惭愧不已。

在人生的种种困惑中，最常见的原因就是对自己的定位不明确。繁杂的世间，有时候我们很难找到自己想要的，或者说自己现在拥有的与预期中有着太大的差距，困惑由此产生。在困惑和迷茫的时候，重要的是保持住自己的本心，这种本心就是穿越迷惘和困惑的绝好利器。

有了这样的本心，成功的希望就在某一个转角或者不知名的前方。只有那些在迷惘中并不停止自己脚步的人，迷惘才不会变成可怕的毒液蔓延，才不会演变成扼杀希望的暗器。这才是我们在黑暗中行走的明灯，才能带领那些心怀希望的人走向前方。

5. 相信自己，强大自己的意志

能够解除自己忧虑的人并不是别人，恰恰就是自己。只有自己的内心足够强大，才能够轻易地消除那些围绕在我们身边的种种困惑。

每个人都有自己的梦想，或许每个人实现梦想的过程各不同，但是我们在不断追求物质利益的同时，绝不能忘记精神上的给养。当一个人试图通过外界对他的评价来证明自己的时候，这只能说明这个人的内心还不够强大。真正的强者不是力量的崇拜者，而是一个内心强大的人。只有这样的人才能够在生活中泰然自若，宠辱不惊，只有这样的人才能够不为忧虑所困扰，坚定地向着自己的目标前行。

忧虑的诞生其实在某一方面就是内心的不自信，不相信自己单独解决问题的能力。当一个人产生忧虑的时候，也就是对自己目标不确信的时候。此时，赶走忧虑的唯一办法就是做一个内心强大的自己。

很多人说，上天是不公平的，这种看法是极为短视的。上天的公平，并不在于它让每个人都有着相同的境遇，而是在于人们在各种境遇之中，都同样地有选择机会，让自己从忧虑中解脱出来。

小张是一个工作能力很强的人，在公司熬了三年就被领导从一个普通会计提拔为财务组的组长。这样的好事自然使小张十分得意，在上下班的时候都哼着小曲。但是小张这样的好心情并没有持续多久。

一位在公司工作很长时间的同事觉得小张的升迁给他的刺激很大。在他心里，这样好的机会让资历尚浅的小张获得，这中间肯定有什么猫腻。于是他对小张的态度变得十分尖刻，碰面的时候也是一副冷若冰霜的样子。在其他同事面前，他总是有意无意用伤人的言语来评论小张。

刚开始的时候，小张听到这些评论自然是怒火中烧，总是想办法在同事面前辩解。可是这样的辩解往往无济于事，甚至在办公室里小张都感觉到自己被同事们孤立了。他不想将同事关系弄得很僵，毕竟双方还是要有所往来的。在一番思索以后，小张决定用自己的实际行动来消除别人对他的困惑。于是，每当同事再传出对自己不利的流言时，小张都能够控制好自己的情绪，继续埋头工作。

就这样，小张在压力之下不断地提升着自己的业务水平，完善着自己的知识储备。没过多久，小张就出色地完成了一个项目，受到了公司高层的赞扬。这样一来，同事们对小张的质疑消失了，他的工作能力确实是他胜任那个职位的最主要原因。

对于同事的质疑，小张最开始也产生过焦虑，一时间也没有良好的对策。起初，小张很困惑自己应该怎么去做。在受到言语中伤的时候，如果不让自己内心变得强大起来，那后果只能是让自己陷入绝境之中。小张选择做内心强大的自己，通过自己的实际行动让那些围绕在自己身边的忧虑消失。

曾经有一位战功赫赫的将军，他在出征时带上了已经成人的儿子。即将冲锋的时候，父亲将一个插着一支箭的箭囊送给了儿子，并且叮嘱儿子："这是祖传的宝箭，佩带在身上，将会有无穷的力量，但千万不可抽出来。"

儿子注视着这个制作极其精美的箭囊，它是用厚牛皮打造而成，边上镶嵌的是泛着幽幽绿光的古铜，再看箭囊露出的箭尾，一眼便可以认出这是用上等的孔雀羽毛制作而成。儿子对这样的馈赠自然欣喜若狂，眼前仿佛看到了敌方主将中箭而亡的场景。

果然，佩带着祖传宝箭的儿子英勇非凡，在战场上所向披靡。当鸣金收兵的号角吹响以后，儿子一时被得胜的豪气冲昏了头脑，忘记了父亲给他的忠告。强烈的欲望驱使着他拔出了宝箭，试图看看这支祖传的宝箭究竟有什么特别之处。在抽出宝箭的刹那间，儿子惊呆了，原来这个箭囊里装着的是一支已经折断的箭。

儿子有些发懵，他一直以为自己所佩带的箭是一支可以在危急关头拯救自己性命的绝世好箭，没有想到的却是一支断箭。儿子惊出一身冷汗，一直支撑着他的信念轰然崩塌，突然间就有些不知所措了。

就在他迷茫困惑的时候，一支不知从何方射来的箭要了他的性命。将军来到儿子的尸体面前，捡起那支断箭沉重地说："不相信自己的意志，永远也做不成将军。"

相信自己的意志，其实就是做强大的自己，在面临种种突遇的困惑时，能够相信的只能是自己。正如故事里的年轻人那样，每个人本身就是一支箭，若是想让这支箭变得坚韧和锋利，只能靠自己。

6. 常常是最后一把钥匙打开了门

在通向成功的路上，最艰难的不是因为成功的道路有多险阻，而是在路途中半途而废。

在朝同一个目标前行的过程中，总是有人成功有人失败，有人将这归结于个人能力的问题。但是很快人们就发现，最终站到成功顶端的往往不是那些聪明绝顶的人，而是那些在路上认定了事情就决不放弃的人。

很多人抱怨自己时运不济，得不到幸运女神的垂青。事实上，运气对于每个人的机会都是均等的，只是没有提前告诉人们它到来的准确时间。或许有的人的好运气到来的时间早一些，而另外一些人的好运气到来的时间会晚一些。但是无论早晚，就是不能在路上半途而废。

1883 年，极具创造精神的工程师约翰·布罗林雄心勃勃地着手建造一座横跨曼哈顿和布鲁克林的大桥。这在当时的桥梁建筑专家眼里，是一个不可能完成的任务，他们都奉劝他放弃这项计划。但是布罗林的想法得到了同样是桥梁工程师的儿子华盛顿的支持。父子两人于是到处游说那些愿意投资的银行家，最终获得了银行家们的支持。

然而，在大桥刚刚开工的两个月后，施工现场就发生了灾难性的事故。作为总工程师的布罗林在这次事故中不幸身亡，作为他最重要助手的华盛顿在这次事故中脑部也受到了严重伤害。当这两名最重要的工程师都无法工作的时候，失望的情绪开始蔓延，几乎所有的民众和银行家都认定这项工程就此泡汤了，因为已经没有人能够建造这座大桥。

可是，已经丧失了说话和行动能力的华盛顿并没有失去信心，他的思维依然没有受到多大的影响。他决心要把父子两人花费了巨大心血的大桥完工，他坚信在挫折面前总能找到应对的办法。

在仔细观察后，华盛顿想到，自己虽然不能够说话，但是却可以用他唯一能动的手指来与别人进行交流。于是，他就用那只手敲击他妻子的手臂，通过这种奇怪的方式把设计意图传达给仍然在建造桥梁的工程师们，整整花费了 13 年的时间。华盛顿就这样用一根手指指挥着大桥的建设，直到雄壮的布鲁克林大桥最终完成。

在众人眼中，布鲁克林大桥的完成可以称得上是建筑史上的一个奇迹。人们除了赞叹大桥的雄伟壮观之外，更惊叹于建筑师惊人的毅力。当放弃和失败的声音在身边无法散去的时候，当觉得无路可走的时候，要学会对自己说："千万不要放弃，只要坚持哪怕是一点点就能接近成功。"

在放弃中失败的人，其实输给的不是现实，而是自己；那些不断坚持、最终取得成功的人，他们收获到了远比成功本身更为重要的财富。

去埃及旅游的人基本上都会到开罗博物馆去参观，在那里，人们可以看到从图坦卡蒙法老墓地里挖掘出来的大量宝藏：这包括了举世闻名的精美黄金面具，还有大量的珠宝饰品、象牙黄金器具等。但是很少有人知道，假如没有霍华德·卡特决定再向前多挖一天，也许时至今日我们依然无缘欣赏这些深埋于地下的宝藏。

那是在 1922 年的冬天，卡特几乎放弃了可以找到年轻法老墓葬的希望，而那些对他考古工作进行赞助的支持者也准备取消对卡特的赞助。卡特在自传里写道："这将是我在山谷中的最后一季，我们已经挖掘了整整六季了，春去秋来毫无所获。我们一鼓作气工作了好几个月却没有发现什么，只有挖掘者才能体会到这种彻底的绝望感，我们几乎已经认定自己被打败了，正准备离开山谷到别的地方去碰碰运气。然而，要不是我们最后垂死地努力一锤，我们永远也不会发现这超出我们梦想所及的宝藏。"

卡特的最后努力让他的发现成为世界头条，而他多年的努力最终也得到了丰厚的回报。在很多情况下，正是这种甚至有些偏执的坚持让那些看上去并不是很聪明的人赢得了最后的胜利。这种胜利是当之无愧的，没有人会质疑成功的水分。

著名漫画家查尔斯·舒尔茨告诉记者他不是一夜成名的人，即使在他出版了有名的《花生米》漫画之后。

他曾经也说："《花生米》不是立刻就造成轰动的，那是一段漫长艰辛的过程。大概过了四年之久，史努比（漫画中的主人公）才受到全国的瞩目，而它真正建立地位则花了长达十年的时间。"

没有谁能够随随便便成功，对于成功道路上的苦与甜，每个人都有不同的看法，但是唯一不变的肯定是对一件事的坚持。这种坚持所蕴藏着的其实就是成功者所具备的一项重要法则。

7. 坚持是照亮幸福的明灯

很多时候，失败不是不够努力，而是缺少最后一点点的坚持。

随着生活节奏的加快，很多人口中都常常说："快点，我等不及了。"城市里都是急急忙忙追逐成功的人群，可是很多人却往往事与愿违，一直在成功的大门前徘徊，始终找不到打开这扇门的钥匙。究其原因，那就是太过着急。

没有人会确切地知道在挖井的时候会需要多久才能够出水，也没有人知道在旅途中还有多久才能到达目的地。但是有一点非常明确的是：只有那些心态平和，从不急于求成的人才能够最先品尝到成功的滋味。

在种种淘金的传说中，人们听到最多的往往是一夜暴富之类的故事。但是还有一个故事有着极为动听的名字，它叫作《距离金子还有三英寸》。

这个故事讲述的是在美国的淘金时代里，美国人达比和他的叔叔到遥远的西部去淘金。就像所有的淘金者一样，他们围住了一块地，手里拿着鹤嘴镐不停地挖掘。经过几十天的辛勤工作，他们终于如愿看到了金灿灿的矿石。要想大规模地开采则必须要有相应的采矿设备。于是，他们悄悄将矿井掩盖了起来，回到家乡开始筹款。

不久以后，他们的淘金事业就很快发展起来了，当开采出来的矿石被运往冶炼厂的时候，所有的专家都断定他们所拥有的矿藏可能是整个矿区最富有开采价值的矿井。达比仅仅用了几车的矿石就收回了当初所有的投资成本。

然而好景不长，令达比万万没有想到的是，当他将所有的利润全部用来购买新的设备，准备大干一场的时候，以前开采出来的矿石地带消失了。达比并不甘心，继续开采，但是一直毫无收获。在万分沮丧之下，达比认为，金矿已经枯竭了，原本的发财梦只是上帝和他开的一个巨大玩笑。在无奈之下，达比不得不忍痛放弃了几乎要使他们成为新一代富豪的矿井。他们将全套的机器设备卖给了当地一个收购废品的商人，最终带着遗憾回到了家乡。

就在他们刚刚离开后的几天里，收废品的商人突发奇想，决计去那口废弃的矿井碰碰运气。收废品的人请来一位矿业工程师对现场进行勘察，只做了一番简单的测算，工程师便指出前一轮工程失败的原因：目前遇到的是"假脉"，是金矿的断层线。考察结果表明：更大的矿脉其实就在距达比停止钻探三英寸远的地方！收废品的人按照工程师的指点，在达比的基础上不断地往下挖。正如工程师所言，他遇到了丰富的金矿脉，获得了数百万美元的利润。

达比从报纸上知道这个消息，气得捶胸顿足，但也追悔莫及。

达比虽然付出了最大的努力，但是获取的却只是科罗拉多地区最大金矿的一个小小支脉，收购废品的商人虽然只花费了极小的代价，但是却通过一口废弃的矿井而成功地拥有了最大金矿的全部。

在很多人的眼中，这只是不同人的命运。其实，在这两种看似截然不同的命运与遭遇的背后，所表现出来的就是一种心态。刚刚进入社会的年轻人往往志向远大，心里怀揣着令人热血沸腾的梦想，但是真正到了社会之中，很多人都不愿意坚持下去了，最终泯然众人。而那些愿意一步一个脚印前行的人，最终得到的是幸运女神的垂青。

　　目标有时候会显得遥遥无期，成功有时候会让人看到希望的尽头。在这种情形之下，有人无法在艰难中坚持，选择了懈怠或者放弃，但是假如这个时候放弃，以前的努力都将白费，所有的心血都将付诸东流。只要坚持一会儿，咬紧牙关向前再迈出一步，或许就会豁然开朗。当迷雾散去，阳光照耀在身上的时候，我们才会发现，当初所有的坚持是那么的值得。

　　重庆南川区铁村乡某农民通过七年的不懈努力，创作并出版了25万字的长篇小说《黄土情》。该书还入选八部"献给重庆直辖十周年"的文学丛书之一。这位作者今年58岁，只上过高中。虽然一直没能上大学进行更深层次的教育，但是现实生活同样让他上了社会大学。

　　他种过庄稼，下过煤窑，修过楼房。2001年以来，他利用打工的空闲时间，白天工作，夜晚写作，几易其稿，终于实现了他的文学梦想。是什么力量支撑着他？这位农民作家回答说："是生活给了我灵感，是坚持给了我成功。"

　　那些不愿意再努力一点点的人，在遇到实际的困难之时首先想到的就是挫折可能带来的种种伤害，对自己没有把握，缺乏信心。再坚持一下，是一种不认输的意志，它能够在困苦中支撑着我们继续向前；再坚持一下，是一种必胜的信念，是在黑暗中指向成功的明灯。当走过黑暗与苦难之后，或许就会发现，当初平凡如沙的自己在一次次的坚持和磨砺中，已经不知不觉地长成了一颗光彩夺目的珍珠。

8. 在逆境中扬帆起程

在逆境中扬帆起程，永远保持沉着与理智，是人生道路上前进的不竭动力。

"人生谁能不犯点儿错"其实有另外一种潜台词：不犯错的人生真的存在吗？如果说人生就是在大海上的一次航行，那么经验再丰富的船长也会不断地校准航行的方向，而校准航行的过程其实就是纠正错误的过程。

在人们的传统教育观念中，犯错是一件让家长很不省心的行为。而衡量一个孩子是否听话的标准就是看他犯的错误是否是最少的。或许不犯错是一条非常保险的成长之路，但是不可否认，这条路上挤满了大量没有创造力的人，毫无乐趣和创造力。

晋朝有位大将，名叫周处，因幼年丧父，年少时便十分张扬轻狂，纵肆乡里。

在乡里，他恶名昭著，人人唯恐避之不及。一日，周处见乡里百姓个个面容凄苦，便问乡里长辈所为何事？长辈叹说："乡里有三害，经常糟蹋百姓，你说我们能不苦吗？"

周处一听，有三害，豪气顿生，连忙追问是哪三害。长辈冷笑一声：
"一是南山额大虎，二是长桥水蛟龙，三是作恶多端、欺负百姓的恶人。"

周处哪里知道，长辈说的恶人就是他。做人做到与猛兽齐名，也是旷古
未有。周处便自告奋勇要去铲除三害，他先是入山杀了猛虎，后又下河斩杀
了蛟龙。斩杀蛟龙时，乡里一连三天没有他的消息。百姓们都以为周处已死，
便互相庆贺。周处回来后，得知乡里百姓正在为他已死高兴，遂明白了长辈
所说的恶人指的就是自己。

做人落得如此地步，周处哪还有脸回乡。他便四处拜访名士，下定决心
好好学习。他找到陆机、陆云两兄弟，以实情相告，哭诉着自己一定会痛改
前非，表达出改正错误的诚意，但又怕自己年岁已大，学不出成就。

陆云就鼓励他："子曰，朝闻道，夕死足矣，你年纪轻轻，现在立个志
向，以后何愁没有前途！"

周处立定志向，勤奋好学，一年后，就担任东观令、无难督。吴亡后，
周处又被晋朝封为仕官。为人刚正不阿、不畏权贵的他，最终得罪奸臣，被
派往西北讨伐氏羌叛乱，最后战死沙场，不过也成就了其一世英名。

这个世界没有任何人可以拍着胸膛说自己没有犯过错，犯了错不要紧，
重要的是要敢于承认错误、面对错误。敢于放下包袱告别过去，人生才能快
乐前行，轻松创造未来。

明朝时，一位年过半百的财主喜得贵子，名唤天宝。因家大业大，天宝
从小不愁生活钱财，渐大后变得游手好闲，到处结交狐朋狗友。

财主怕天宝这样下去，会败光家业，就请了秀才教他读书，明事理。在先生的教授下，天宝似乎有些长进。可好景不长，财主与老婆不幸得病去世，天宝从此便再无人管教。

这时，天宝以前那帮酒肉朋友又找上门来。天宝抵挡不住诱惑，故态复萌，整日花天酒地。也就两年有余，千万家财便被其一败而尽。

直到天宝饿得上街要饭，他才悔不当初。严冬的一天，天宝借书归来的路上，因一天未吃饭，两眼饿得直冒金星，一不留神，一跤摔倒，半天也没有爬起来。

恰巧此时王员外路过，见冻僵的天宝手上还攥有一本书，怜爱之心生起，便让家人救醒天宝。之后，王员外让天宝教授自己女儿读书，谁知天宝生性难改，见王员外女儿腊梅长得如花似玉，便有心调戏她。

后来，王员外编了个理由，交给天宝20两银子和一封信，嘱咐天宝到苏州找他表兄。

天宝到了苏州，左找也找不到王员外表兄，右找也找不到信封上孔桥所在何处。眼看20两银子快要花光，天宝开信一瞧，但见信上写有四句话："当年路旁一冻丐，今日竟敢戏腊梅；一孔桥边无表兄，花尽银钱不用回！"

天宝看完信，羞愤难当，本想一死了之，又转念一想：王员外非但救了自己的命，还保了自己名声，又给了自己20两银子。自己这样一死了之，如何对得起王员外！

于是，天宝重振精神，白天帮人家打杂挣钱，晚上挑灯苦读。

最后，朝廷开科招考，天宝进京应试，一举中得举人。于是，他连夜赶路，回去向王员外请罪。

他在王员外给自己的那封信末，添了四句："三年表兄未找成，恩人堂前还白银；浪子回头金不换，衣锦还乡做贤人。"

犯错并不可怕，重复犯错也不可怕，而认为犯错是自己无能的表现才是最可怕的。犯错并不能代表什么，每一条通往成功的道路上都是不断修正错误的过程。有勇于从错误中汲取教训，面向前方，才是最终走向成功的良方。

成功的前提就是承认失败，也就是承认错误的存在。而逃避错误是最不足取的一种方式，也许当时所犯的错误是微不足道的，但是抱着逃避的心态会让人精疲力竭，并且永远不可能从错误中学习到经验。

9. 幸福需要你自己来成全

生活是自己的，没有人能够替你承受，自然也没有人能够替你选择。生命是一个过程，而不是一个选项，能够得到什么样的幸福需要自己来成全。

如果你热爱生活，你就注定是它的主人；如果你憎恨生活，那么它就会毫不客气地变成你的主人。爱情、亲情，还有事业，都是我们生活中不可或缺的一部分。如何对待，如何享受，如何品味，就等于我们选择了如何对待自己的人生、自己的幸福的方式。

英格莱特先生可谓命途多舛。起初，他得了严重的猩红热。在医生的精心照料下，他的病情渐渐好转。不料，他发现自己又得了肾脏病。为此，他到各地看过很多医生，但是，所有医生都束手无策。

祸不单行，此时英格莱特先生又被诊断已经患上另一种并发症——高血压。一个医生说，他的血压已经到了214度的最高点。由于实在看不到治愈的希望，医生们无奈地宣布他已经没救了——情况如此严重，以至于大家劝告他的家人：最好马上准备料理后事。但是，他却奇迹般地好了起来，病情一天天好转起来。我们来分享一下他的奇迹：

那一天，我回到家里，弄清楚所有保险都已付过了，然后就准备向上帝忏悔我犯过的各种错误。我一个人坐下来，很难过地默默沉思。由于自己的不幸，所有关心我的人都很不快乐，我的妻子和家人非常难过，我自己更是深深地埋在颓丧的情绪里。然而，这样的状态没有持续下去。在经过一星期的自怨自艾之后，我恶狠狠地对自己说："英格莱特，瞧你这样子简直像个大傻瓜。你在一年之内恐怕还不会死，趁还活着，你为什么不好好地和家人说说话，大家一起吃顿饭，唱个歌，快快乐乐的不好吗？"于是，我决定昂首挺胸地生活，脸上开始露出微笑，让自己表现出好像一切都很正常的样子，以一个正常人的姿态生活。我承认，刚开始的时候那相当费力，但是我强迫自己去表现出很开心、很高兴的样子。事实证明，这不但有利于我的家人，对我自己也大有帮助。他们越来越开心，几乎忘记了我的病情，而我自己因为有快乐牵引也越来越健康。渐渐地，我几乎能够感觉自己精神百倍了。这种状况上的改善持续不断地出现，结果是，我不仅很快乐、很健康，还能活得好好的，生命无虞，连我的血压也降下来了。

经历了这些之后，有一件事我可以肯定：如果当时我一直觉得自己会死、会垮掉的话，那位医生的预言没准儿真的成为现实了。可是，上帝保佑，我给了自己的身体一个自行恢复的机会。说实话，药物对我已经没有用了，什么都没有用，除了我的心情。

英格莱特的经历告诉我们，快乐要由自己来掌握，幸福要靠自己来成全。如果说，特别开心的情绪、充满勇气的思想能救一个人的命，那么，沮丧、忧愁的沉郁就能杀人于无形之中。大家恐怕对此都有所体悟，既然如此，你我为什么还要为一些小小的不快和颓丧而难过伤身呢？

幸福需要寻找，但幸福需要选择。不管遇到什么情况，我们每个人都有权利选择幸福。休·当斯说："所谓幸福的人，不是指那些处在某种特定幸福情况下的人，而是持有某种特定态度的人。"

没错，人生处处有令人烦恼的事，但仔细想来，只要当时我们别盯着这些事不放，或者能够换一个角度想问题，我们就不会为之那么烦恼了。一个人，应该积极生活，而只有态度才能决定你是否自由并幸福快乐着。

生活是多姿多彩的，但这种美丽只给有准备的人留着。你一定要记得时常停下匆匆的脚步，留出时间去感悟幸福的心境，去珍惜拥有幸福的机会。放松心灵，也就是善于成全自己的幸福，也才能享受生活中的美！

没有人是不愿意追求幸福快乐人生的。尽管每个人对幸福快乐的理解各自不同，但有一点却一定是相同的，那就是"惜福得福"。事情本身并没有幸福和不幸之分，但是我们的情绪，我们对待事情的方式，会让我们陷入不幸。要拥有幸福，就要自己学会正确地处理事情，要学会成全自己，由此才能够永远感受到快乐愉悦的心境。

第六章
卸下重担，跟着心灵的召唤去旅行

宁静方能致远，热闹有热闹的喧嚣。当岁月悄无声息地流逝，心智也会逐渐地成熟。当困扰内心的愁烦被逐渐忘却，收获到的将是丰满而充实的人生。

1. 一寸光阴一寸金

时间是宝贵的，通往成功目标的路只有两条，那就是力量和坚韧。

有人喜欢用热闹来替代岁月流逝所带来的伤痛，有人却如入定的禅僧那样静看流逝的岁月。时间如水，当看着大把的时间从眼前一点点地溜走，最宝贵的就是沉在水底的金沙。时间从数量上说对每个人都是公平的，但是在质量上却要依靠着个人的修为。

如果将人生比作一场比赛，那最恰当的当属长跑。很多人都说希望可以赢在起跑线上，但是长跑运动最后的胜利者很少是起跑领先的人，而是那些在路途中静心观察他人，保留体力，最终在关键时刻奠定胜利基石的人。追名逐利没有任何过错，但是，如果急功近利则很可能让自己丧失一份冷静，在忙碌与浮躁中荒废宝贵的岁月。

日本历史上有一名一流的剑客，他的名字叫宫本武藏。当时，一个很有剑道资质的年轻人又寿郎拜宫本武藏为师。在学艺的时候，又寿郎问自己的师傅："师傅，按照我现在的资质，要练多久才能成为一名像你一样技艺高超的剑客呢？"

宫本武藏回答道："最少也要10年吧！"

又寿郎感到这个时间有点太长了，接着说："10年有点太久了，假如我加倍地苦练，那需要多久才能达到那个目标呢？"

宫本武藏回答说："那就要大概10年了。"

又寿郎感到有些不解，又问："假如我晚上不睡觉，夜以继日地苦练呢？"

宫本武藏这回认真严肃地说："那你将必死无疑，这样根本不可能成为一名一流的剑客。"

又寿郎十分惊讶，连忙问师傅这是为什么。

宫本武藏回答说："要想成为一流剑客，有一个非常重要的先决条件，那就是必须永远保留一只眼睛注视着自己，不断反省自己。如果你的眼睛只是盯着剑客的招式，哪里还有眼睛注视着自己呢？"

又寿郎听了以后，幡然悔悟，于是按照正常的练剑节奏，终成一代名剑客。

人生的追求很大程度上不仅要练剑，更要练心。事物的成长要遵循一定的自然规律，而人生的成功也需要时间的积淀。静静流淌的岁月中，不知道有多少人愿意脚踏实地，戒骄戒躁，一点点积累，最终获得幸福。

众所周知，金盏花很少有白色的。美国一个园艺所贴出征求纯白金盏花的启事，高额的奖金让许多人趋之若鹜。但是，20年过去了，因为培植的难度，没有一个人培植出白色的金盏花。一天，园艺所意外地收到一封热情的应征信和一粒纯白金盏花的种子。寄种子的是一位年逾古稀的老妇人，她只是一个地地道道的爱花人。20年前，当她看到启事的时候便怦然心动，于是，她撒下了一些最普通的种子，精心侍弄。

一年之后，金盏花开了，她从那些金色的、棕色的花中挑选了一朵颜色最淡的，任其自然枯萎，以取得最好的种子。

次年，她又把它们种下去，然后，再从这些花中挑选出颜色更淡的花的种子栽种。日复一日，年复一年，春种秋收，周而复始，老人的丈夫去世了，儿女远走了，生活中发生了很多的事，但唯有种出白色金盏花的愿望在她的心中根深蒂固。

终于在20年后的一天，她在那片花园中看到一朵金盏花，它不是近乎白色，也并非类似白色，而是如银如雪的白。于是，一个连专家都解决不了的问题，在一个不懂遗传学的老人长期的努力下，最终迎刃而解。

很多人也都用种子实验过，也有很多人都曾经为了培育白色的金盏花而努力过，但是他们缺乏一种成功最重要的品质，那就是坚持，在岁月中百折不挠地坚持。坚持是一种区分众人的重要品质，体现了一种矢志不渝的追求。即便是一粒最普通的种子，只要持续用心去呵护，它也会给我们回报出奇迹。

愚公锄锸移山，终得天帝相助；达摩静坐参禅，石壁为之感化。这样的效果，虽是不可企求的，但毕竟是坚持者才会得到的礼遇。

持之以恒是一件不容易的事情，如同常人能够弯腰一样，为了实现某一项预定的目标，人们往往容易心浮气躁、火烧火燎，这实际只不过是一种轻浮和慌张而已。滴水不求朝夕之效，故能坚持到穿石的日子。穿石之后，依然平心静气，保持着自己的步伐，这就是一种恒久的忍耐。它拒绝急功近利，所以才能勾起人们长久的怀念，才能永远地发挥作用。

2. 阴霾散开，阳光自来

对于人生，不应有过多的奢求，顺其自然，知足常乐，命里有时终须有，命里无时莫强求。淡泊心静，懂得顺应自然，不争不贪，不用为功名利禄而煞费苦心，有了这份平和恬淡与世无争的心境，就能不卑不亢从容地过简单清静的生活。

有人觉得这种淡然是一种非常消极的表现，是没有出息和能力的证明，事实上，随着年龄的增长、阅历的增多，人们会逐渐发现这种随遇而安其实饱含着智慧。在表面上看来，这种随遇而安是一种停顿，甚至好像还有点不作为的意味，但是正是这些不作为让一个人的心灵有了思考的空间，让心志更加的成熟。

对于一部分人而言，采用淡定的生活方式是一种过渡性解决问题的方法，可以帮助一个人减轻浮躁之气，保持头脑的清醒。

人称"陶朱公"的范蠡不仅学识渊博，而且足智多谋。他的一生可谓是大起大落，总结起来一共有三聚三散。面对这些得到与失去，他无一不是坦然面对。

春秋时期，他帮助越王打败了吴王，成就了霸业。胜利后，越王封范蠡为上将军。可范蠡知道勾践为人可共患难不能共富贵，为了避免越王兔死狗烹，只得放弃自己创下的丰功伟业，辞书一封，乘一叶扁舟趁着夜色离去。这是"一聚一散"。

范蠡辞去上将军来到了齐国，更名改姓，耕于海畔，他以他过人的商业头脑，没有几年就积产数十万。齐国人仰慕他的贤能，请他做宰相。范蠡感叹道："家里有了千金，做官做到宰相，这是一个普通人的极限了。如果总是名声在外，不祥啊。"于是就归还宰相印，将家财分给乡邻，再次隐去。这就是"二聚二散"。

范蠡又来到了陶地。他看到此地为贸易的要道，可以据此致富。于是，他自称陶朱公，留在此地，继续从事商业经营活动。没用多长时间，就累积万万。后来，范蠡次子因杀人而被囚禁在楚国。

范蠡为了搭救自己的儿子，就派三儿子前去探视，并带上一牛车的黄金。可是长子坚持要替少子去，并以自杀相威胁。没办法，范蠡只好同意。到了楚国以后，由于长子办事不力，使范蠡的次子死在了狱中。当范蠡一家得知死讯后，无不悲痛万分。范蠡独说："我早就知道次子会被杀，不是长子不爱弟弟，是有所不能忍也！他从小与我在一起，知道生存的艰辛，所以不忍舍弃钱财。而少子生在家道富裕之时，不知财富来之不易，很易弃财。我先前决定派少子去，就是因为他能舍弃钱财，而长子不能。次子死在了楚国也是情理中的事，无足悲哀。"这就是"三聚三散"。

　　无论是面对高官厚禄或是富甲一方，他能坦然取之，又坦然舍之。在亲人生离死别的时候，他仍然能够坦然接受。这种得失自如的态度就是一种无言的境界。不要把"失去"当成人生无限大的沮丧，也不要把"失去"当成人生中的大挫折和大失败。在适当的时候要懂得放手，世界永远无尽头，人生自然要永远往前看，"失去"也就变得微不足道了。

　　即使置身于粪土之中，心却依然淡定自若，那么所谓的苦恼、忧愁、离别、痛苦就显得微不足道、可有可无了。同样是一把盐，你放在一杯水里，这杯水足可以苦得咸得叫你难以接受，但你把这把盐放入一个湖泊或者大河中，它就不苦也不咸了。对人生而言，所有的苦难和不如意就是那把盐。

　　北宋苏洵在其作《心术》中说："泰山崩于前而不变色，麋鹿兴于左而目不瞬，然后可以制利害，可以待敌。"世界上很少有人天塌下来也不惊慌的心态，所以成功的人总是少数。

3. 忘记烦恼，平凡和平淡都是一种幸福

有人说，淡忘是一个坏名词，因为它意味着对过去的背叛。有人说，淡忘是一种好态度，因为它会让人一直快乐向前。

已经发生的事情，没有人能够让它重来，唯一能做的就是汲取过去那些有意义的成分，最终让过去的事情变得有价值。世界上有一种东西，在你拥有的刹那，其实已经失去。换句话说，很多时候，放弃并不意味着失去，反而是另外一种获得。所以，当你的行为将要给自己或他人造成痛苦、伤害时，或者你的放弃会给自己或他人带来幸福和快乐时，请试着放弃。试着放弃，学会忘记，你将走出那片心灵的沼泽。

东晋大诗人陶渊明向来被世人奉为安贫乐道、高洁傲岸的精神典型，一段《五柳先生传》便足以为证：

"环堵萧然，不蔽风日；短褐穿结，箪瓢屡空，晏如也。常著文章自娱，颇示己志。忘怀得失，以此自终。"

想当初，那不为五斗米折腰的陶潜也曾有过报效天下之志。十三年的仕宦生活是他为实现"大济苍生"的理想抱负而不断尝试、不断失望、终至绝望的十三年，然而终究赋《归去来兮辞》，挂印辞官，彻底与上层统治阶级决

裂，毅然不与世俗同流合污。对于所谓的世事得失，怎一个潇洒了得。

回归故里后，陶渊明一直过着"夫耕于前，妻锄于后"的田亩生活。初时，生活尚可"方宅十余亩，草屋八九间"，"采菊东篱下，悠然见南山"，虽简朴，却乐在其中。

后住地失火，举家迁移，生活便逐渐困难起来。如逢丰收，还可以"欢会酌春酒，摘我园中蔬"，如遇灾年，则"夏日抱长饥，寒夜列被眠"。然而，其安然于得失的本色，丝毫不改，稳于心中。

陶渊明的晚年生活愈加贫困，却始终保持着固穷守节的志趣，老而益坚。元嘉四年（公元 427 年）九月中旬，神志尚清时，他为自己写下了《挽歌诗》三首。在第三首诗中末两句说："死去何所道，托体同山阿。"如此平淡自然的生死观，情也飘逸，意也洒脱。

不能说陶渊明的生活没有烦恼，辞官后的他要依靠着自己的力量生活，这其中的艰辛可想而知。但是他并没有让所谓的烦扰来冲淡自己的快乐，而是选择了忘却过去的方式让自己更加的坚强。

印度诗人泰戈尔说过这样一句话："如果你为失去太阳哭泣，那么你也将失去星星。"人生不如意常十之八九，要想让自己快乐，就必须学会忘记。人生需要拿得起，更需要放得下。生气是拿别人的错误来惩罚自己，总是不忘别人的坏处，受伤的终归是自己。只有学会忘记，才能快乐轻松。

尤利乌斯是一个画家，他生活得很快乐，画出来的画也全都是快乐的世界。唯一令他偶尔伤感的是没人买他的画，但这种悲观的情绪一会儿就被他忘记了。

有一天，他的朋友劝他说："玩玩足球彩票吧！幸运的话，只需花2马克就能赢很多钱。"于是，尤利乌斯就花了2马克买了一张彩票。他很幸运，一下就中了50万马克。

他很高兴，立即买了一幢别墅并对它进行了一番装饰。身为艺术家，他很有品位，他的家里一时间多了很多昂贵的东西：维也纳柜橱、佛罗伦萨小桌、阿富汗地毯、迈森瓷器，还有古老的威尼斯吊灯。

尤利乌斯很喜欢自己的新房子，从此他便常常很满足地坐在地毯上，点燃一支香烟，静静享受他的幸福。有一天，他突然感到很孤单，想去看看久未谋面的朋友。他像原来一样，习惯性地把烟蒂往地上一扔，甩手就出去了。未熄灭的香烟不一会儿就引燃了华丽的阿富汗地毯、维也纳柜橱……几个小时后，别墅变成了火的海洋，被完全烧毁了。

朋友们知道这个消息后，都来安慰尤利乌斯。

"尤利乌斯，你太不幸了，我们很同情你！"他们说。"不幸？为什么？"他问。"你那幢几十万的别墅失火了！尤利乌斯，你现在什么都没有了。""什么呀？不过是损失了2马克而已。"尤利乌斯答道。

烦恼总是在出其不意的地方出现，没有人知道它会什么时候到来。对于生命赐予我们的这些"不经意"的礼物，选择忘却其实是一种最为明智的行为。烦扰有时候就像生活中的小石子，一颗两颗或许并不觉得沉重，但是，一旦这些石子慢慢地累积起来，我们前进的步伐将会越来越沉重。

忘却烦恼，用一颗平淡的心来看待我们所要遇到的种种问题，这样人生也将会安静很多。

4. 顺其自然，享受淡定

在生活中，我们经常会遇到让自己惊慌失措的情形，对于这种状况，有一种淡定的选择叫顺其自然、随遇而安。

聪明的人懂得妥协，会选择顺其自然、随遇而安。因为他们知道尊重自然规律，活在当下。这样他们不仅活得轻松豁达，而且还会获得意外的惊喜。正是由于他们这种随遇而安的处世哲学，常常会在"山重水复疑无路"之际，眼前突然一亮，然后"柳暗花明又一村"。正因为他们有着一个乐观的心态，面对那些不曾期待的美好时，才会显得从容不迫，进而把握住眼前这美好的事物。

凡事要顺其自然、随遇而安。换句话说，不要总去强求那些不属于自己的东西，如果一味地去强求，只会让我们步履维艰。做人有时候要懂得妥协，学会顺其自然、随遇而安，这样才能在做事的时候，得心应手，一路通畅。

事实上，生命中有很多东西是不能强求的，那些刻意去强求的东西，有可能我们终生都不会得到。我们都非常熟悉《揠苗助长》的故事，里面宋国的那个人，因为违背了自然规律，擅自把禾苗给拔高，不仅没有帮助禾苗生长，反而把禾苗都害死了，受到人们的嘲笑。

迪士尼乐园马上就要完工了，可设计师们正在为园中道路的设计而大伤脑筋。在所有征集来的设计方案里面，没有一个是尽如人意的。总经理迈克尔先生得知这个情况后，叫人把所有的空地都给种上草坪，就这样，乐园在没有道路的情况下开始营业了。过了一段时间后，迈克尔先生从国外考察回来，准备看一看刚刚建成的迪士尼乐园。

他走到乐园时发现，原本铺满了草坪的地面上，出现了几条蜿蜒曲折的小径，而这几条小径和周围游乐的景点非常巧妙地结合在了一起，这让他感到非常高兴，于是赶忙找来负责道路铺设工作的人员，让他们沿着这几条小径铺道。如此一来，他们不但解决了设计方案问题，而且还得到了游客的赞赏。

顺其自然，绝对不是被动地面对生活，也不是那种自视清高的消极避世，而是能够洞悉人生的一种大智慧。拥有了它，也就拥有了"妥协"这种处世之道，然后你会发现生活里面处处充满着意外的惊喜。

总有起风的清晨，总有暖和的午后，总有绚烂的黄昏，总有流星的夜晚，所以不如保持顺其自然的心境，把握每一个瞬间，试着去做，去面对每一个昨天、今天和明天。人生中的成败得失，全凭把握，纵使历经所有的艰辛苦难，始终要保持一种心境——顺其自然。

5. 顺势而为，把握人生

从宏观上看，人类是大自然的一部分，只有顺势而为，顺应自然规律，才能把握住当下的时光，让每一个瞬间都变得精彩。

在张爱玲的著名小说《半生缘》中有这样凄婉的台词："回不去了，我们都回不去了！"每当看到这里的时候，估计在很多人心头都产生了强烈的共鸣，开始慨叹人生。

人生虽然像写作，但是画出的每一笔都不可能是草稿；人生虽然像一出戏，但是每一天都是现场直播。就像有人说的那样，如果将现在的每一天当作生命中最后一天来做，成功就会自然接近。把握好现在，在当下生活得精彩才是一名成功者必备的素质。

有一个小孩，小的时候就表露出了很强的书法天赋。在很小的时候，父亲让他跟从一位书法家练习写字。在最初的阶段，小孩只在旧纸上反复练习，但是始终没有什么长进。小孩的父亲对书法家有些不满，认为他对自己的孩子没有用心去教。于是书法家说："如果你能多给我一些钱，我很快就能保证你的孩子有进步。"

孩子的父亲将信将疑，但是还是给了书法家一笔钱。果然，没过多久，小孩的书法就有了很大进步。父亲连忙问："是我以前给你的学费太低了吗？"书法家解释说："当初他用旧纸来练习书法的时候，总是感觉在打草稿，心想即使写得再差也无所谓了，大不了换上一张新纸重新写就是了，所以就不能全身心地投入其中。当我把你给的钱全部买来最好的纸张让他写作的时候，他就觉得这个机会很难得，于是就用认真的心态来对待练习，专心致志地考虑每个字的一笔一画应该如何去写，时间虽然不长，但是效果却很明显。"

后来，这个小孩成了一名书法家。在与别人交流经验的时候，他说："回想我以前走过的路，很多时候都是在草稿纸上练字的心态，以至于有许多愿望都没有实现。总是觉得来日方长，还会有很多的机会，结果丧失了很多难得的机遇，白白浪费了很多张人生的'好纸'。"

人生是公平而残酷的，它的公平在于每个人都拥有和他人一样的生命，残酷就在于它是一次单行旅程，永远没有回头的机会。

在一次培训中，培训师问学员一个问题：什么事情最重要？讲台下的回答五花八门，有说是升官、挣钱、买房、买车，也有人说是旅行、思考、婚礼，等等。最后讲师微笑着说："你们所说的这些事情都很重要，但不是最重要的。最重要的事情就是你现在应该做的事情，最重要的人应该是现在和你一起做事的人，而最重要的时间就是现在，因为这是唯一能把握住的。"

一些人总是把目光盯在明天、下个月、明年甚至更远的时间，结果就是将大部分的时间和气力浪费在了未知的事情上，对眼前发生的事情却视若无睹，所以很难得到最后的成功。人生需要顺势而为，这其实就是说每个人的人生都无法回头，做自己想做的往往能够取得意想不到的成功。

小李是个很爱美的女孩子，从儿时开始就经常偷偷给自己化妆。大学毕业之后，经不住家人的劝说，她走上了当老师的道路，在一所学校教书。然而，因为太爱打扮自己，还没等到从实习老师转为正式教师，她就因为打扮得太过出众被主任叫去谈话。数次之后，一气之下的小李干脆辞了职，跑去南方的一所民营学校学习化妆。因为这件事情，她还和家人闹了不小的矛盾。然而，两年过去了，小李成了顶尖的化妆师，每个月都拿着不菲的收入，就连她的家人也改变了看法，对她刮目相看了。

　　小李的成功并不是一个偶然现象。她之所以会放弃待遇稳定的教师工作，投身到完全陌生的行业里，这不仅仅只是"勇气可嘉"这个词可以形容的。清楚自己的长处，了解它，善用它，并将其变为一种财富，这才是小李成功的秘诀。

　　我们不否认，不停地努力可以获得巨大的成功。但懂得经营自己的长处，就好比熟练的庖厨，知道用什么样的材料，搭配什么样的主食，知道用什么地方的肉片来做成鲜美的肉汤。而只懂得埋头苦干的人，同样也能将菜做熟，但与前者的味道相比，大概是无法相提并论的。

6. 白璧微瑕，才是生活

每个人都是自然界独一无二的，活出真实自然的自己，并且按照自己的个性完善自我，那么这样的人生就是精彩的。

这是一个属于人人都可以表现自我的时代，每个人都渴望自己的价值能够得到最大程度的发挥，但是这需要一个前提，那就是认清自己。在舞台上尽情展示风采的人毕竟是少数，但我们可以做一名合格的欣赏者。能够在运动场上挥洒汗水是一种人生追求，但是我们依然可以选择做一名加油者。

很多人会说，躲在幕后和路边多没意思，没有鲜花，也没有掌声。其实大可不必这样想，鲜花诚然是美丽的，掌声也固然醉人，但是它只能肯定某些人的成就，无法否定其余大多数人的价值。

有一位女孩，她是一个出租车司机的女儿。在很小的时候，她就被周围的人认定有很高的歌唱天赋，对于声音的把握是非常的精准。她从小的梦想就是成为一名出色的歌唱家，但是上天给予她美丽声音的同时，也留给了她一样缺点，那就是她的一张阔嘴和一口龅牙。

在一次公开唱歌的机会中，为了显示自己的魅力，她一直努力用上嘴唇盖住自己的龅牙。这样，使得她在唱歌的时候非常地滑稽可笑。最终，她的首次登台并没有得到观众的认可，她失败了。在比赛结束后，她还一个人沉浸在失败的阴影之中。

一个资深的音乐人在听完她的演唱后，认为她很有天赋，也具备很大的潜力。在经过短暂的交流之后，音乐人坦率地告诉她："我看到了你在台上的表现，知道你在试图掩饰什么。你并不喜欢你那口牙齿，其实这又有什么关系呢？有龅牙并不是你的过错，为什么要尽力去掩饰呢？张开你的嘴，只要你自己不引以为耻，观众就会喜欢你的。甚至说不定你的龅牙还会给你带来好运呢？"

这个女孩接受了音乐人的建议，在唱歌的时候不再去想自己的牙齿。站在舞台之上，她关心的只是自己能不能唱出自己的水平。最终，这个女孩实现了自己的梦想，最终成为一名歌唱家。

认识不到自己的价值，也不敢做真正的自己，这已经成为阻碍很多人成功的根源。只有做回真正的自己，你的价值才不会被轻易否定。每个人都是这个世界上独一无二的存在，要想获得最后的胜利，就必须植根于自己独特的个性。忽视自己的个性或者故意掩饰自己个性的行为，终将一事无成。每个人都有着自己独一无二的标签，而这个标签就是我们与他人区分开来的标志。

美国著名喜剧大师卓别林在刚刚进入演艺圈的时候，他最开始的想法就是模仿当时一位成名已久的喜剧大师的表演思路。尽管在一段时间里，他绞尽脑汁、煞费苦心地学习和模仿，但是自己却迟迟没有突破和作为。在整个戏剧圈里，卓别林的名字就像很多不知名的演员一样，湮没在庞大的从业人群中。

后来，卓别林开始琢磨，能不能创造出属于自己的表演风格。于是，他根据自己的独特个性，创造了独一无二的表演风格，终于成了有史以来最伟大的喜剧明星。

一个美国思想家曾说过："羡慕就是无知，模仿就是自杀。"即便一个人拥有别人无法企及的天赋，如果只是将这些天赋用在模仿别人身上，最终也只能沦为追随他人的牺牲品。

坚守自我并不是自以为是、故步自封，而是针对个人的特性，想出一个适合自己，能够展现个人才华的方式。一个人不可能成为别人，更没有必要成为别人。

鲁迅先生说过："我自己，是什么也不怕的，生命是我自己的东西，所以不妨大步走去，向着我自以为可以走去的路，即使前面是深渊、荆棘、峡谷、火坑，都由我自己负责。"这是一种清醒的执着，是在看清前途后的决断。

鲁迅先生最初是以学医出身，但在仙台学医期间，他观看了一部侵华日军残害中国人的电影，而在旁围观的也是一群中国人，他们不仅没有丝毫懊恼，反而以此为乐。这样的场景让鲁迅先生格外痛心，自此，他认为治人心比治人身更为重要。

于是他决定弃医从文，走自己的路，用文字唤醒中国人麻木的心，医治病态的人性，让手中的笔成为与敌人对抗的"枪"。

本来，走自己的路就不易，要走一条将个人前途与国家命运结合起来的路就更不好走。而鲁迅先生铮铮铁骨，选择了这条路，并坚定不移地朝着他那个布满荆棘的方向毅然走下去了，挑起了中国的脊梁。

谨慎而理智地选一条适合自己的路去走，管他人怎么说。既然是自己所选，就不要去管别人说三道四。同时，无论这条路多么曲折崎岖，无论路上有多少障碍，我们仍然要一直走下去，扎扎实实地踏出属于自己的路。

7. 活得精彩，走出属于自己的舞台

每一个人的成功其实都是对自己生活的坚持。走在成功的路上，有人质疑并不重要，重要的是自己能否坚持走自己的路。

很多人羡慕别人不断旅行的生活状态，认为这样才不枉此生，但是，如果有人邀请他一同从事旅游，他肯定会连忙拒绝。拒绝的理由很一致，那不属于自己的生活。不知道他是否想过，那怎么样的生活才是自己想要的生活。

在最初的时候，很多人都有着自己的梦想，希望能够在这个世界上突出重围，留下自己的足迹。但事实上，绝大多数人的足迹都早已经被设定好了范围。而那些有特色的、不愿意跟随的人最终都成了人生的赢家。他们或许并没有取得多少钱财或者多高的权位，但是至少他们的生活是自己想要的，凭此一点，这些人的一生就没有多少可以悔恨的了。

很多人都羡慕那些背包到处行走的人，但是又有多少人将这种想法付诸行动呢？曾经有这样一个人，他是南开大学毕业，在大学毕业之后没有选择固定的公司上班，而是带着自己的旅行包，踏上了行程。其实，他和众多的刚毕业的大学生一样，他对于人生、对于事业十分迷惘，一时间也看不到自己未来的方向。但是大四的一次毕业旅行让他对世外桃源般的自由生活深深着迷了，从此便一发不可收。

他大学毕业后，虽然也能够抽出时间进行自己热爱的背包旅行，但是总是觉得缺少点什么。而三个在旅途中受到的刺激促使了他从业余背包客到职业旅行家的转化。第一个刺激是在阳朔，当时他第一次接触到了那些半年在阳朔开店、半年在外面旅行的人后，他发现人还可以选择那样的生活方式。第二个刺激是他在巴黎到瑞士的火车上，邻座的一位老人和他聊天时说起年轻时曾经去过的地方，最后感叹人生还有太多的地方、太多的风景值得欣赏。第三个刺激是他在一个小国家安道尔旅行的时候遇到一个年轻人，这个年轻人在欧洲已经一年半，每个地方都待上 3 个月，依靠着打工和赞助来支持自己的旅游费用。这些旅途上的遭遇，让他意识到休假式的旅行只能是走马观花，于是他辞去了工作，开始了职业旅行的生涯。

他在一次采访时说："我从三毛、格瓦拉、凯鲁雅克这些前辈旅行家身上获得关于旅行的梦想，我想告诉那些走在我身后的年轻人，人生不只房子车子，应该还有另外一种可能。自由与梦想，虽然看似遥不可及，但只要坚持，就不是空中楼阁。"

在职业的旅行中，他首先兼职打工，后来逐渐开始为媒体供稿。随着网络的发达，一些航空公司以及其他厂商也逐渐开始提供赞助，支持他继续走下去。而他的经历也已经鼓励着越来越多有理想和有能力的人去奋斗和尝试。

他的成功，可以看作是他这么多年来坚持自己的道路的回报。这种坚持就是一直走自己的道路，即便得到的是旁人无法理解的目光，但是只要坚持下去，成功迟早会到来的。其实，规矩只是一种标准、法则和习惯，只知道遵循标准和常理的人总是规矩的最忠实执行者。这样做当然可以避免很多不必要的误区，但是他们注定了要踏着别人的脚印走路。只有走出别人的脚印，自己的人生才会大不同。

但是，要想完全生活在属于自己的生活中，走出自己的人生道路，并不是一件非常容易的事情。它是一个艰难的抉择过程，不仅需要智慧，而且还需要魄力和勇气。

美国诗歌历史上有一位非常著名的诗人，他的名字叫惠特曼。1854 年，他出版了自己的诗集《草叶集》。这本诗集热情奔放，冲破了传统的格律束缚。这本诗集的出版让当时著名的文学家和文艺评论家爱默生激动不已，爱默生认为这是完全属于美国人民的诗歌。

爱默生的推荐让这本《草叶集》立即获得美国国内的关注，但是惠特曼创新的写法、不押韵的格式以及新颖的思想内容一时间并不为当时的大众所接受。第一版的《草叶集》并没有因为得到爱默生的赞扬而变得畅销。

一年以后，惠特曼自己又印刷了第二版，在这一版中，他加进了 20 首新诗。但是这一版同样是叫好不叫卖，依然没有多少人买这本诗集。

五年以后，惠特曼准备出版第三版的《草叶集》，在这次出版中，爱默生竭力劝说惠特曼取消其中几首刻画"性"的诗歌，不然这本诗集依然不会畅销。但是惠特曼拒绝了爱默生的好意，他表示《草叶集》是不会被删改的。在惠特曼的眼中，被删减过的书是世界上最肮脏的书，因为删减意味着投降和妥协。

结果，第三版的《草叶集》出版获得了巨大的成功。这本诗集不仅风靡了全美，也传到了世界各地。

走出一条属于自己的路，活在属于自己的生活之中，人生才是真实和美丽的，才是无悔的。

8. 低调做人，恬淡生活

语言的作用就是传递信息，方便人与人之间的交流。恰当的语言表达方式能够催人奋进，能够造就一个人，让人感受到世界的温暖。

俗话说"祸从口出"，如果说话不留心，信口开河，招人妒忌，反而得不偿失。若我们话说得好，小则可以欢乐，大则可以兴国；反之，话说得不好，小则可以招怨，大则可以坏事。故而古人云："一言可以兴邦，一言可以丧邦。"

在实际生活中，因为一两句的言语不和而导致双方大打出手的事例经常发生，也有很多人因一句本来无心的话而将对方怀恨在心。恰当的表达方式是顺应自然的需求，也是人类的共同心理需求。古往今来，成大事者都是用恰当语言表达自己观点的人。也许你还不知道那些不经大脑的言行会为自己和别人带来多少麻烦，而那些麻烦又会为自己和别人的人生留下一个怎样的烙印。

张爱丽待人非常热情，经常给朋友以热情的帮助，可是周围的人总是很讨厌她。原来，张爱丽在与人交往中总是会违背言语交际的原则。因此，虽然她主观愿望很好，结果总是帮了忙还不受人待见，事与愿违。

实际上，熟人、朋友之间为增进感情而交际，说话"随便"一点儿压根没有什么。但是，这种"随便"应该掌握好分寸，应该有一个合适的"度"。因为我们每个人心灵中都有自己最隐秘的一面。所以在交谈的时候，我们应该照顾对方的自尊，以免让别人陷入难堪的境地。

而张爱丽却完全不考虑这些，她对一位很胖的女同事高声宣布："哟，你怎么又长膘啦？你爱人净弄什么好的给你吃，把你喂得这么肥啊？"

张爱丽本没有一点儿的恶意，但是，这些话语无疑激起了对方的厌恶，使对方从内心深处讨厌她。这不仅达不到亲近的交友目的，而且还拉开了双方的心理距离。

失去丈夫是人生中最不幸的事情之一。一位好朋友刚刚死了丈夫，正处在守丧期间。张爱丽为了让她不难过，便非常热情地邀请人家去看最新出的喜剧片。她笑嘻嘻地说："装什么装啊！这下子没有人管你了，乐一乐。"这种貌似亲近别人的说话方式，无论如何都是非常令人难以接受的，会无情地伤害了对方。

言语能够安慰人，同样也能够伤害人。人们都希望自己的生活能够简单快乐一点，但是要想获得他人的认可，首先要做的还是要控制好自己的嘴。

一位书生向老者请教如何待人接物，老者给了书生一张纸条，上面写着："热心肠一副、温柔二片、话说三分。"对于这三句话的药方，其中"话说三分"最值得去研究，如果对方是一个聪明的人，你没有必要把话说得很详细，这样你说再多也只是画蛇添足而已。说话只需双方心知肚明就可以了，你的"三分话"已经让对方了解了你的观点。如果他同意便会跟从，如果他不同意，"强扭的瓜不甜"，你说得越多只能让他越坚持自己的想法而已。

一位老师问学生："用酒精消毒，什么浓度为好？"

学生们几乎连想都没想，齐声回答说："当然是越高越好！"

老师说："错。"

看着学生们一个个一脸狐疑，老师继续解释说："高浓度的酒精会使细菌的外壁在极短的时间内凝固，形成一道'天然屏障'。后续的酒精就再也浸不进去了，造成细菌在壁垒后面依旧存活。"学生们认真地听着这个新奇的理论，若有所思。

老师进而强调："最有效的浓度，是把酒精的浓度调得相对柔和些，润物无声地渗透进去，效果才佳。"

语言表达是一门技术，更是一门艺术，就像所有的技术都会去繁从简一样，最自然的方式其实就是最恰当的方式。

9. 摆脱疲惫，唤醒内心的热情

每个人都具有火热的激情，它是人自身潜在的财富，等待着被开发和利用。

大多数人每天都在重复着千篇一律的工作，如此单调而机械的生活，你是否经常会有疲惫的感觉呢？是否感觉工作的时候经常打不起精神呢？工作业绩也随之日渐下降？如此，又怎会有信心走好以后的路呢?!

刘凯今年35岁，在一家电器公司做小职员。凭他的学历、资历、经验，完全可以胜任公司管理层的职务。这是怎么回事呢？原因是他从来没有在一个公司工作超过两年，一直在不停地跳槽。

为何他不停地跳槽呢？对此，刘凯解释道："每次找到新工作以后，刚开始时我总是充满激情，但是3个月之后我就会觉得疲惫，以后的日子完全就是抱着当一天和尚撞一天钟的想法，感觉一点儿意思也没有，只好寻找下一份工作。"

在这个例子中，刘凯因为不能摆脱对工作的厌倦心理，所以总是觉得工作没有意思，并且不停地跳槽，以致不能升迁、信心受挫。可想而知，他的未来不会多么如意，身心将一直被疲倦所折磨。

处于这种逆境中，难道就一直这样消沉下去吗？如何摆脱这种心理疲倦的困扰呢？唯一的办法就是让自己静下心来，唤起自己的工作热情。激情是一种强劲的激动情绪，一种对人、事、物和信仰的强烈情感。

有句话说："一个优秀的员工，最重要的素质不是能力，而是对工作的热情。"的确，一个充满工作热情的人，会保持高度的自觉，把全身的每一个细胞都调动起来，驱使自己完成内心渴望达成的目标，如此自然就能克服心理疲倦，尽自己最大的能力做好手头的工作，使未来充满无限可能。

刚转入职业棒球界不久，弗兰克·贝特格就遭到了有生以来最大的打击——他被开除了。老板给他的理由是："你的动作无力、无精打采，看起来疲惫不堪，哪像是一名职业棒球工作人员？我认为你不适合我们这里。"

这是令人沮丧的事情，弗兰克静下心来思考了自己的问题所在，进入纽黑文队时他下定决心要成为最有激情的球员，并且他成功地做到了。一上场，他就像充足了电的勇士在球场上奔来跑去，快速强力地击出高球，他的激情不仅感染了整个球队，还会引爆全场的观众。出色的表现让教练赞赏不已，很快，弗兰克的月薪从 25 美元涨到 185 美元，还被评选为英格兰最具热情的球员。

从球队退役后，弗兰克转行去做保险推销。最初的 10 个月非常糟糕，客户总是在他没有把话说完的时候就把他赶走，弗兰克对这份工作失望极了，觉得每一天对他来说都是煎熬，考虑换一份工作。后来，他的老师卡耐基先生一语惊人："弗兰克，你推销时的言语一点儿生气也没有，如果换成是我，我也不会买你的保险。"

这是一个重要的忠告，弗兰克想到自己为何业绩不好、身心俱疲了，于是他决定用自己打球时的激情来好好推销保险。一天，弗兰克走进一家公司，鼓起自己全部的勇气和热情向负责人推销保险。最终，那位负责人接受了弗兰克的提议，买了一份人寿保险。也是从那天开始，弗兰克成了一个真正的推销员。

后来，弗兰克提及自己推销保险的成功经验时说："在我十几年的推销生涯中，我看到许多有激情的推销员的收入成倍地增加，也看到了很多人因为没有工作的激情而疲惫不堪、一事无成。而我自己差点儿就成了他们中的一员。"

弗兰克·贝特格在事业上有所成就，与其说是取决于他的才能，不如说是取决于他的激情。当你对一份工作产生厌倦心理时，不要盲目地混日子，更不要着急跳槽，不妨像弗兰克那样激发自己体内的激情。

不管你是否意识到，激情是人人都具有的，它深埋在每个人的心灵之中，是人自身潜在的财富，等待着被开发与利用。只要你静下心来调整心态，积极地看待自己的工作，那么你的精神面貌将大不一样。

当你对一份工作产生厌倦心理时，不要盲目地混日子，更不要着急跳槽，静下心来唤醒内心的热情，充满激情地面对每一天，你就能摆脱工作上的疲惫情绪，就能满怀希望地走在通往成功的道路上。

第七章
平常心态，一切伟大都有渺小的开始

拥有平常心的人才能懂得自己的渺小，才能涤荡自己的灵魂。心怀善意看待这个世界，得到的将是满满的善意和异常宁静的心理状态。

1. 体味人的伟大与渺小

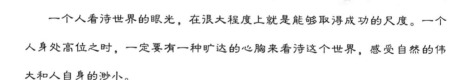

一个人看待世界的眼光，在很大程度上就是能够取得成功的尺度。一个人身处高位之时，一定要有一种旷达的心胸来看待这个世界，感受自然的伟大和人自身的渺小。

将个人置于整个人类，在亿万人群之中我们是渺小的；而将人类置于地球，在地球母亲面前人类是渺小的；将地球置于浩渺宇宙，地球母亲也无非就是其中的一分子，人类更是其中一分子中的一分子。

一个真正懂得生命内涵的人，一定是对自己始终有着清醒认识、敬畏生命、敬畏天地的人。狂妄自大，目空一切，胡作非为，其实是一种愚昧和可怜。

一位摄影师说过，想让一个人看起来高大些，就要用仰拍的角度。这似乎说明，人站得越高，看起来越高大。

事实真的是这样吗？高与低是相对的。在一定范围内，站得高，看上去就高大些，可有时候，却是人站得越高越渺小。因为人站得高，离别人远了，看到的人会变小，可换个角度，别人看到的他也会很小。

许多人却没有意识到这一点。有人职位提升了、工作有成绩了、事业有点小成就了，却在突如其来的荣誉和掌声中迷失，自我感觉良好，自认为很了不起，从而骄傲、自满，甚至不可一世、不思进取。

但一个人的真正伟大之处在于，他能认识到自己的渺小，而不是自以为是、自高自大。俗话说，人外有人，天外有天。在更广的范围里，比自己更强大、更优秀的大有人在。可惜，能清醒地认识到这一点的人并不多。

因此，身处某个高度，一定要时刻记得，人站得越高越渺小，也就是"高处不胜寒"。谦虚一些、谨慎一些、低调一些，人才能成长与进步，才能取得成就。

2. 心放平，一切都会风平浪静

包容别人一直都是人生的美德，宽容别人的不完美，其实就是为自己铺路，否则只能把自己逼向一个死胡同。

完美是很多人的追求，每一个人都想争取获得一个完满的人生。然而，从古至今，又有谁见过十全十美的人呢？对于生活中的不完美，要有一颗包容的心。要知道，正是因为这些不完美，人们才会有不断改进的动力，才有继续奋斗的源泉。

一个生活的智者，绝不会因为不完美而停滞不前；一个渴望成功的人，也绝不会因为不完美而放弃自己内心的渴望。对于他人的不完美，最佳的方式就是选择包容。在面对不完美的时候，采取正确的态度来对待生活，而这种心胸和态度决定着我们今后将会成为什么样的人，取得什么样的成功。

有一个老人，在他活到70岁的时候仍然是孤身一人。造成这种现象并不是他不想结婚，也不是因为各方面条件的限制，而是他一直在寻找一个在他看来十分完美的女人。

于是周围有人就问这位老人："你活了几十年了，也走过了那么多的地方，也不断地用心寻找，难道你就没有找到一个在你眼里看起来是完美的女人吗?"提到这里，老人异常悲伤地说："是的，有一次我碰到了一个完美的女人。"

于是发问的人就非常好奇，连忙问道："那么为什么你们不结婚呢?"

老人伤心地说："没办法，她也正在寻找一个完美的男人。"

老人的境遇其实就是现实社会中的一则寓言，它向我们展示了一条很容易理解的真理：一个只用自己的标准去要求别人的人，即使有他人难以遇到的良机，如果不懂得包容，那也会成为孤家寡人。相反，一个能够宽容他人的不完美、胸无芥蒂的人，即便可能在某一个时刻处于弱势，也会受到人们的欢迎，得到帮助，从而走向成功。

同一片树林高低不同，同样的手指长短不一。每个人都有自己的性格，每个人也有自己的生活。年龄、阅历、认识问题的角度都会对一个人产生很大程度的影响。当别人出现不完美的状况时，要学会宽容，为他人的不完美找点恰当的理由，也让自己的心灵充满阳光。在宽容别人不完美的时候，可以使自己的视野变得更加深远，也可以使自己的生活变得更加滋润，甚至会收获意想不到的结局。

在战国的时候，有一次楚王打了胜仗以后大宴群臣，他最宠爱的姬妾许姬也参加了这次酒宴。宴会进行得很顺利，歌舞声中，君臣相谈甚欢。不知不觉就到了黄昏，由于还没有完全尽兴，楚王就命令人点上蜡烛继续，他还特别让许姬给在座的大臣们敬酒。

许姬开始逐一给大臣们敬酒，这时一阵疾风吹过，筵席上的蜡烛都被吹灭了，宫中立刻漆黑一片。就在这个时候，有人拉住了许姬的衣袖。许姬连忙反抗，拉扯当中许姬扯下了那人官帽上的缨带。

许姬挣脱了那个人，赶快回到楚王的面前，她在楚王耳边小声地说："有人想趁黑暗调戏我，幸亏我机灵，扯下了那个人的帽缨，请大王查找那个没有帽缨的人，肯定就是刚才对我无礼之人。大王一定要杀了他为臣妾出气。"

楚王听完许姬的话，不但没有生气，反而心平气和地对大家说："寡人今日设宴，诸位务必尽欢，大家不要太顾念君臣之礼，可以把帽缨统统摘掉，这样才能尽兴啊。"

群臣按照楚王的要求，都把自己的帽缨取下，楚王这才命人重新点亮蜡烛，宫中一片欢笑，君臣尽欢而散。

酒宴过后，许姬怪楚庄王不给自己出气，庄王却说："酒后失态乃人之常情，如果这等小错都要取人性命的话，以后谁还愿意为孤王效力呢？"

事情就这样过去了，楚庄王一直没有追究那个调戏许姬的人。后来晋国侵犯楚国，楚庄王亲自带兵迎战。在两军交战当中，楚庄王发现自己军中有一员战将，每次上阵总是奋不顾身，所到之处均拼力死战。甚至在楚庄王遇到危险的时候，还是这个战将临危救驾。这次战役，楚军大胜回朝。

楚庄王依旧论功行赏，当问到这个战将想要什么赏赐时，他却说："大王已经赏赐过了。我就是那个调戏许姬的人。那次事情过后，大王没有加以追究，我就对大王一直抱有感恩之心，准备等待机会报答大王。这次上战场，也正是我立功报恩的机会，自当以死为报。"

所以说，有"容"得下的量才能成其"大"，这种宽广的心胸不仅能让人感受到温暖，而且能够对自己未来的事业打下坚实的基础。

3. 别让自大成为人生的绊脚石

一个自大的人往往很急功近利，习惯以自我为中心，而这种人的所作所为让人感受到的只能是浅薄。

在令人生厌的几种品格中，自大肯定是排名靠前的。"劳谦虚己，则附之者众，骄慢倨傲，则去之者多。"（《抱朴子·斥骄》）这几句话的意思是说，谦逊待人，愿意和他亲近交往的人自然就多；如果骄傲自大、盛气凌人，原来和他亲近的人也会离他而去。

在生活中，人们也会发现一种现象，越是胸无点墨、不学无术的人越是活跃，而那些学富五车的优秀学者往往最为低调。这其实很容易理解，当一个人的学识不能从内到外地吸引到其他人时，其最常见的做法就是用声音来赚取人的眼球。

在北大，一直流传着这样一个故事，季羡林在任北大副校长时，适逢开学，季羡林就在校园里溜达。赶巧在校园操场碰到一名男生，他背着沉重的行李来校办理入学手续。这名学生向季羡林求援："大爷，帮我看会儿行李，我去办手续！"季羡林应允。那小青年说完就跑走了。季羡林站在太阳底下恪尽职守地等了一个多小时，那个新生终于气喘吁吁地跑回来对季老说："谢谢您，大爷！"说完，背起行李就走了。

第二天召集新生举行开学典礼。当季校长出现在演讲台上时，那个让季羡林看行李的愣新生眼前一亮："我竟然让大名鼎鼎的季老给我看了一个小时的行李！"他感到万分吃惊，没有想到一名学贯中西的副校长能够给一个素不相识的青年学子照看行李。

这个小故事有点像电视小品，然而其情其景是生动而真实的。一位记者曾向季羡林问及此事，他幽默地回答："有这么档子事！但关于其中的称谓得更正一下。那个学生当时不是称我'大爷'，而是'老师傅'！"

季羡林一辈子不接受"国学大师"的称号，而是称自己为教书匠。这是一种什么样的精神境界和人格魅力。反观现在的一些学者和教授，生怕自己的头衔不够多，职位不够高。人们之所以怀念季羡林，除了季老在学术上无可比拟的贡献之外，我想还有相当大程度是因为季老的人格魅力。

待人遇事要做到心平气和，这是尊重自己也是认识自己的需要。在与他人交往的过程中，要始终保有谦虚的心，有地位的时候不要以地位骄人，有财富的时候不要用财富来傲人，有才学的时候更应该不要用才学凌驾于他人之上。

小李是一名刚毕业的大学生，学的是设计专业。通过几年系统地学习，小李对自己的能力相当的自信。在求职的时候，他到一家设计公司应聘设计师一职。通过简历筛选后的第一轮面试中，他向面试官出示了在大学设计的作品。面试官看到小李拿出的作品，觉得还不错，让他通过了第一轮的面试。

在第二轮的复试过程中，小李觉得自己应聘成功已经是板上钉钉的事情了。面试的过程中，小李侃侃而谈，从设计的原则到自己曾经做过班长、学生会主席等职位。到了最后，他甚至偏离了当初应聘职位的初衷，甚至还说自己同样擅长做策划，有领导才能，整个谈话呈现出一种咄咄逼人的态势，仿佛是说如果公司不录用他，那将是公司的一大损失。

在复试的最后，他又点评起了整个行业，把这个行业的运营方式说得一无是处。

最终小李没能如愿进入这家公司成为一名设计师，不是因为他的能力不够，而是心态不正。

人有锋芒是一件很正常的事情，尤其是对于刚从校园里走出来的年轻人而言，而很多公司的高管对新入职的大学生最多的评价就是不知道天高地厚。或许有的人看重的就是这股子冲劲，但是绝大多数的公司想要招聘的还是那些了解自己实力、低调谦逊的员工。

4. 时间是澄清误会的明镜

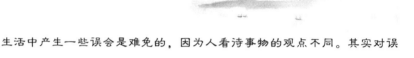

生活中产生一些误会是难免的，因为人看待事物的观点不同。其实对误会不需太多的解释，也不必着急，相信时间会澄清真相。

很多时候，自己一不小心便会被他人误会，不是把自己想象得太过聪明就是不够聪明，而时间会不徐不疾地将误会澄清。人生活在社会之中，免不了要和各种各样的人进行交往，而交往的过程中很难让每个人都满意，这就是误会产生的根源。

生活中的误会有很多种，产生误会以后，人们最常见的状态就是拼命地去解释，可是结果往往事与愿违。其中的缘由很简单，人们现在已经越来越习惯相信自己的眼睛，而不是对方解释的言语。事实上，想要消除误会的方式有很多，其中就有一种武器叫作时间。

消除误会的最好方式就是让真相大白，但是发现真相的历程往往不那么顺利，或者说当时并没有办法让对方去了解事实的真相，这就需要时间的力量。还有一种情况，很多人发现当初费力解释的话随着时间的流逝已经变得不再重要，随之而来的就是当初的误会已经不能算作误会了。

在一座山上有一个石碑，这个石碑讲述着这样一个故事。

一位远方而来的旅行者途经这个地方的时候，在这座山上看见了一只老虎。当他将这件事情告诉周围的人时，并没有任何人相信他。因为在这座山上从来就没有发现过老虎，甚至在周围的山上也没有发现。

这位旅行者坚持说自己看到了老虎，并且是一只高大威猛的老虎。可是无论他描述得多么形象，还是没有人相信他看到的是一只真正的老虎。到最后，无奈的他只好说："我带你们上山吧，如果能够看到真老虎，你们总该相信我吧。"于是，真的有人跟随这个旅行者上了山，可是漫山遍野找遍以后，依然没有任何老虎的踪迹，甚至看不到老虎活动的迹象。跟着他一起去的人对旅行者说："你一定是看花了眼。你最好还是不要说自己确实看到了老虎，否则人们会说你是从远处来的最会撒谎的骗子。"

旅行者十分地气愤，他觉得自己明明看到了一只老虎，怎么会没有人相信自己呢？在接下来的日子里，他甚至取消了自己的旅行计划，为了证明自己没有说谎，他逢人便说自己遇到了老虎。可是到了最后，人们不仅没有相信他的话，而且看见他就躲得远远的。私底下的人们还纷纷议论，说这个旅行者已经疯了。

旅行者怎么也想不通，他发誓一定要让人们消除对自己的误解，证明自己的诚实。在不久以后，他买了一支猎枪。他要找到那只老虎，并且把那只老虎打死带回来，目的就是向所有的人证明，他没有说谎。

可是他一去就再也没有回来。几天之后，人们发现了早已经被猛兽撕碎的衣服和一支猎枪。经过当地医官的验证，这位旅行者确确实实是被一只老虎吃掉的。旅行者没有说谎，等人们消除对他的误解的时候，他已经看不到了。

在实际的生活中，我们很多人都急于向别人证明自己。这种着急的心态，其实就是在寻找一只把自己吃掉的老虎。山上有老虎的事实总会因为时间的流逝而被人接受，如果能够不那么着急寻找解释的理由，任凭时间裁决最后的争议，那旅行者当然能够获得胜算。

一个人重视自己在他人心目中的形象、看重别人对自己的评价并没有过错，但是，如果过度重视则会给自己带来无尽的烦恼。因为人们对一个人的评价永远不会像一个平面镜那样直白和客观，反而像一面多棱镜，总会有照不见的地方。

果园里有一株无花果，无花果周围是一片花生。无花果看到地里的花生光开花不结果，就十分看不起它。花生看到无花果虽然枝头上挂着些青蛋蛋，但并没开花，它就私底下认为那青蛋蛋或许就是毒瘤，就如人患了癌症一样，没个好东西。于是，它也很蔑视无花果！它们经常吵架，互相辱骂。

到了秋天，一名老师带着学生来到果园，开始对学生讲解：无花果并非不开花，而是它开出的花是淡红色的，隐藏在囊状的托内，非常地隐蔽，很难被人发觉。而花生的果实是在地底……

无花果和花生互相看着对方，再也不互相嘲讽了。

产生误解很容易，但是消除误解往往显得并不是那么容易。一时半会无法取得他人谅解的时候，那么就把一切交给时间吧。谎言和轻视都经不起历史的淘洗，一个有耐心的人将会赢得更多的尊重。

5. 学会宽容，世界会变得更加广阔

宽容是人与人之间最纯粹的心灵交注，学着放宽心去看待周围的一切，学会用宽容来制止可能发生的愤怒，这个世界就会变得清澈很多。

生活中会有大大小小的摩擦和误会，可是，如果非常在意这些小事，这些仇恨就会逐渐地放大，很可能会烧伤自己。在自然界，正是因为天空容忍了雷电风暴的一时肆虐，才有风和日丽的景象；辽阔无际的大海容纳了惊涛骇浪的一时猖獗，我们才欣赏到了海洋的浩渺无边。

宽容是一种大度，它大到可以容纳万物。心宽是通向幸福的大门，心狭则是惹祸的根源。一个心胸坦荡的人，能够让矛盾消解于无形，避免许多无所谓的冲突和不良的后果。

宋朝的时候，有一个尚书名叫杨玢，在做官的时候就为人宽宏大量，与朝臣的关系处理得很好。年老的时候，他告老还乡，在老家颐养天年。

有一天，他正在书房里静心练字，他的侄子从外面跑了进来，边跑边大声说："不好了，不好了，咱家的老宅基地被邻居侵占了不少。"

杨玢一边写字，一边问道："不要着急，慢慢说，我们家的旧宅地被别人侵占了?"

侄子变得平静了不少，轻声地回答："是的。"

杨玢接着又问："他们家的宅子有我们家的宅子大吗？"侄子一时有点摸不着头脑，不知道叔叔葫芦里卖的是什么药，回答说："当然是我们家宅子大。"

杨玢放下手中的纸笔，问道："他们占些旧宅地，于我们有什么太大的影响吗？"侄子回答："虽说没有什么太大的影响，不过他们不讲道理，这是不可饶恕的！"

杨玢听后笑了，然后转过身去指着窗外落叶，问他："树叶长在树上的时候，那枝条是属于它的，秋天树叶枯黄了落在地上，这时树叶怎么想？"侄子摸了摸脑袋，摇头。

杨玢说："我这么大岁数，总有一天要死的，你们也有老的一天，也有要死的一天。争那一点点宅地对你们有什么用？"侄子终于明白了叔叔的意思，点头说道："我原本打算要告他们的，你看状子都已经写好了，看来是我愚笨了！"

杨玢接过状子，拿起笔在上面写了四句话："四邻侵我我从伊，毕竟须思未有时。试上含元殿基望，秋风衰草正离离。"

在生活中，如果缺少了宽容，人与人之间的关系就会变得很紧张。一个人生活在这个世界上，不可能永远独居，不与任何人往来。既然选择了与众人打交道，那就不可能让整个世界都顺从一个人的意思。此时，宽容就变得异常重要，它不仅能起到化解现实矛盾的作用，最重要的是能够让人的心灵通透。

宽容大度，能使伤害你的人感到无地自容，激起他灵魂的真正震撼，同时，又中止了你敬我回的恶性循环。更为难得的是宽容大度还带来了心理上的平静，能为你赢得宝贵的时间，把精力投入到事业中去。

唐朝武则天当政时，有一位宰相叫狄仁杰。他不畏权势，举贤任能，为后世所称道。然而狄仁杰何以位居宰相、治国安邦？这还要从娄师德荐相说起。

娄师德生平与人无争，遇事则让。他的弟弟出任州官，娄师德嘱咐他遇事多忍让。弟弟问："如果遇人唾面，我不去与人争执，自己去擦干，这总算是忍耐了吧？"娄师德竟说："如果把口水擦干，虽然并没有表示抗议和不满，但还是违背了人家的意愿。别人之所以吐口水，就是想侮辱你。别人没有达到目的，自然不会罢休。因此，你最好的办法，就是让唾沫自己干掉，没有人时再把它洗去。"这就是"唾面自干"这个成语的出处。当时人们闻听此话，都佩服娄师德的度量。

更加可贵的是他的荐才之德。娄师德深知狄仁杰文武兼备，是国家难得的栋梁之材。他在任丰州都督时就曾向武则天力荐狄仁杰。虽然狄仁杰过去曾蒙冤入狱，但武则天还是听取了娄师德的荐言，提拔狄仁杰为相。

但娄师德并没有让狄仁杰知道是自己引荐的。一天，武则天与狄仁杰商议朝政时，称赞娄师德知人善举。狄仁杰心中诧异，不由说道："臣尝与他同僚，未尝闻他知人善举。"

武则天笑着告诉他："朕得用卿，实由娄师德荐卿，难道不知乎？"

狄仁杰如梦初醒，相比之下，羞愧不已。他对别人说："娄公品德高尚，我为所容，今日方知，未免愧对娄公。"

娄师德荐才的美德和宽容的心胸让狄仁杰感佩不已，他竭力效仿，先后举荐了张柬之、姚元崇、史敬晖等人，才足称职，皆为名臣。当时人们都盛赞狄仁杰这种效法娄师德为国遴贤的高风亮节，故而有言："天下桃李，尽在公门。"

娄师德因胸怀天下之志，故而能不计个人前嫌。这是一种眼光和度量，是雄才大略的表现。从另外一个角度来讲，选择宽容可以让自己的内心更加的平静和澄澈。

一个人的心中计较得越多，他的心门关得越窄。所谓空杯为怀，排除了心中所有的小气，心胸的空间便会越来越大。宽容作为理想人格的重要标准，被历代圣贤大加倡导。越是睿智的人，越能够胸怀宽广、大度宽容。因为他能够洞悉世事、明晰人情，能够想得开、放得下。

没有人天生就喜欢仇恨别人，也没有人愿意为自己树立很多敌人，正所谓相逢一笑泯恩仇，大家都互相宽容一点，再难的问题也能解决，再多的不愉快也都会烟消云散。

6. 心存善念，感受温暖

心存善念，是一个人对这个冰冷社会里发出的微弱烛光。当千百个这样的烛光会聚在一起的时候，逐渐聚集的温暖就会形成一个和谐友爱的社会。

善良是人世间最宝贵的财富之一，善良在我们的文化中有着举足轻重的作用。世界上并没有那么多的恶人，当与别人发生冲突的时候，不妨给予他人一个善意的微笑。一个温暖的笑容往往要胜过强硬的拳头。

当自己的利益与别人的利益发生冲突的时候，不要轻易采取冷漠的方式来武装自己，也不要总是试图用强硬的手段来证明自己的强悍。在冲突面前保持自己的一份善良，相信那些善良将会融化人们心头的寒冰。

著名京剧表演艺术家梅兰芳是一位德艺双馨的艺术家，他不仅在艺术上达到了很高的造诣，而且为人善良和气，受到了很多人的尊敬，有"白玉无瑕"的美名。

抗日战争胜利以后，在上海的一家小报广告中，出现了"艺人梅兰芳卖画"的字样，显然，这是有人在冒梅兰芳的名字赚钱。对于这种恶劣的行为，梅兰芳的朋友都十分生气，纷纷准备去那家报馆兴师问罪，并且准备揪出那个冒名者。

事情传到梅兰芳的耳朵里，他连忙制止了这种行为。梅兰芳对自己的朋友说，这个冒名者想赚钱不假，但是能够通过卖画来赚钱，想必也是有点本事的，估计也是个读书人，只不过是命运不济罢了。于是，梅兰芳的朋友们通过其他方式了解了一下这个冒名者的来历，果然和梅兰芳预料中的一样。

这种事情不仅仅发生在中国，西班牙著名画家毕加索也曾经遇到了同样的问题。毕加索对冒充自己作品的假画毫不介意，从不去追究，最多只是把伪造的签名除掉。对于他的这种做法，很多人表示不理解。毕加索说："做我假画的人不是穷画家就是老朋友，我是西班牙人，不能和老朋友为难，穷画家的日子并不好过。再说了，在书画界那些鉴定真迹的专家们也要吃饭，那些假画并没有使我受到多大亏损，为什么要追究他们呢？"

梅兰芳和毕加索都是聪明的，他们知道自己的善良让更多的人有了生存的机会，也让别人更加敬重他们。

心存一份善念，它可以拉近人与人之间的距离，可以增进人与人之间的情感，能够避免很多无意义的争端。世界上没有那么多心怀恶意的人，当你抱着怀疑的态度去看待别人的时候，其实就已经失去了一颗善心。

那么，什么是生活里的天堂呢？它其实就是一颗善良的心。心存善念的人，可以通过自身给别人和自己带来快乐，这就是天堂；当一个人心存恶念，让别人和自己都陷入一种不能自拔的痛苦之地时，这就是地狱。

善良如水，看似柔弱可欺，实际上却蕴含着常人难以想象的力量。善良如山，它会坚定地屹立在前方，冷静地看着自己眼前发生的一切。

7. 朋友之交贵在以诚相待

朋友是我们在世界上一个非常重要的依靠。有时候，朋友的伤害往往是无心的，帮助却是真心的。忘记无心的伤害，铭记朋友对你的真心帮助，你会发现这世上你有很多值得真心相处的朋友。

很多人都慨叹，人生难得一知己。知己值千金，但是千金往往却换不来一个知己。获得知己的方式不是金钱，更不是权力，而是自己的一片真心。投机者将友谊视为手中可以交换的筹码，自私者将友谊视为感情上的累赘。事实上，一个真心真意的朋友是人生中最宝贵的财富。真诚的朋友是抛开金钱物质的心灵的结合。事实上，金钱和物质固然可以加深友谊，但是最可贵的却是那些贫贱之交、患难之情。自古以来，人们推崇那些君子之交淡如水的情谊，这更加说明了真心的可贵。

眼睛看到的不一定都是真的，朋友之间的误会也只能用彼此的真心来化解。

一只雌鹰和一只雄鹰生活在一起。秋天的时候，两只鹰一起出去采摘果实，然后放在窝里准备过冬。

但是时间一长，果子就逐渐风干了，本来满满一窝的果子就剩下了半窝。

雄鹰此时就责怪雌鹰说："我们采果子那么辛苦，现在却不明不白地少了半窝，一定是你偷吃了！"

雌鹰申辩道："我真的没有偷吃果子，果子是自己少的！"

雄鹰冷笑着说："果子又没有长翅膀，难道会自己飞走吗？你偷吃也就算了，竟然还不承认，看来我真的是认错你了！"在争执中，它不慎啄死了雌鹰。

过了几天，下起了大雨，雨水把窝里的果子一泡，果子又变成了满满一窝。雄鹰一看，才知道自己冤枉了雌鹰，可惜此时已经晚了。

人与人之间往往就是这样，希望别人用真心对待自己，但是自己却往往缺少一颗真心。

8. 灵犀相通，知音可贵

朋友给予的温暖就像是寒冷冬天里的木炭，让人有了继续奋斗下去的欲望和勇气。

生活中，每一个人都有很多同学、同事，或者通过其他方式结交的人，我们将这些人统称为朋友。对于这些人，其中能够一起分享快乐的人往往占了大多数，而能够在困难中体贴帮助自己渡过难关的人往往少之又少。真正的朋友不会关心你现在的外表有多么的光鲜亮丽，也很少在乎你挣了多少钱，升到什么样的高位。正如很多人说的那样：在别人都关心我飞得高不高的时候，我希望有人关心我飞得累不累。

事实上，每个人的生活都是自己的，别人无可替代。在成功的时候捧上鲜花很容易，但是需要安慰的时候，向人给予最贴心细节的人需要多年友情的积淀。

一个女人不幸失去了自己的丈夫。一时间很多朋友都前来慰问。绝大部分人都是送上礼物，说几句安慰话就走了。其余的也只是在一边静静陪着她，听着这个女人的哭诉。有一个人是这家人多年的至交好友，来到家里以后并不多言，而是将这家人的鞋子——包括那女人的鞋子、孩子的鞋子全部拿出来洗擦干净。别人不解，问她，她说："她家里既出了这么大的事，她一定会到处奔波，一定会穿鞋。可她现在这状况，根本不会有精力去顾及这件事。我帮她把鞋擦干净后，她穿起来会舒服、方便。"在场的每一个人无不感动。

这就是细节的力量，真正的朋友做的永远是最贴心的举动，也唯有这样的人，才配称得上真正的朋友。在困难的时候，友情给予的体贴是常人无法想象的。

体贴是一种快乐，体贴是一种非常高贵、细致、接近完美的品质。一个时时能体贴别人的人，男人我们称为君子、绅士，女士则称为淑女。一个知道体贴别人的人，必然怀抱温柔，必为性情中人，也一定是一个值得交往信赖的朋友。

春秋时期，楚国有个叫俞伯牙的人，精通音律，琴艺高超。唯一感到遗憾的是，他觉得当今世界上无人能听懂他的音乐，他为此感到十分地孤独和寂寞。

在一天夜里，俞伯牙乘船游览。面对清风和明月，他思绪万千，弹起琴来。

在他游玩的不远处，一名樵夫站在岸边听他弹奏。当他弹起赞美高山的曲调，樵夫道："雄伟而庄重，好像高耸入云的泰山一样！"当他弹奏表现奔腾澎湃的波涛时，樵夫说："宽广浩荡，好像滚滚的流水，无边的大海一般！"

伯牙听到樵夫的赞美非常地激动，连声感叹遇到了自己的知音。这名樵夫不是别人，正是钟子期。非常遗憾的是，后来子期早亡，俞伯牙得知这一消息后，在他坟前抚完平生最后一支曲子，然后尽断琴弦，终不复鼓琴。

伯牙子期的故事千古流传，高山流水的美妙乐曲至今还萦绕在人们的心底耳边，而那种知音难觅、知己难寻的故事则世世代代上演着。

9. 不完美的人生也有鲜花和掌声

把心放宽些，不必苛求事事完美，你会发现，当你不追求出类拔萃，而只是希望表现良好时，你会收获到意想不到的鲜花和掌声。

生而为人，我们总是希望把任何一件事情都做得完美无瑕，会因怀疑自己做得不够好而愧疚与担心，担心关心我们的人会因此对我们感到失望；不允许自己犯错误，惴惴不安，一旦犯了错，又会不断地责怪自己……结果，时常感到失望和沮丧，精神和肉体都经受着极大的折磨。

明明自小成绩优异，四五岁时，当同龄的孩子还在玩泥巴的时候，他就和大人们神侃时事、闲聊明清，被称为"神童"。或许是自小建立起来的骄傲感，他做事憧憬完美，一道数学题算 3 遍确认无误了才放心；明明的英语历来是优势科目，但是往往也得不了满分，而只能得到 95 分左右，所以他拼命想考 100 分……

一直被追求完美的心态所禁锢着，明明尽管在学习上出现的错误很少，但是他的学习效率也是很低的，成绩并没有多么优秀。终于有一天，他渐渐感到力不从心，压抑、焦虑的情绪把他压得喘不过气来。

事情刚开始进行就担心干得不够漂亮，辗转反侧、惴惴不安，这就妨碍了我们全力以赴去行动，而一旦遭到不如意又会异常灰心、焦灼不安。长此以往，这种心态让自己越来越失落、越来越缺乏自信。

世界上没有十全十美的人，也没有十全十美的事，何必这样呢？静下心，把心放宽些，换一种心态，或许就是另一片天地。你会发现，当你不追求出类拔萃，只是希望表现良好时，你会收获意想不到的鲜花和掌声。

美国前总统富兰克林·罗斯福是一位杰出的领袖，当有记者向他请教秘诀时，他曾坦然地向公众如此承认道："如果我的决策能够达到75%的正确率，那就达到了预期的最高标准了，我就很满意。"

事事追求完美是一件痛苦的事，它就像是毒害我们心灵的药饵，让我们在痛苦和纠结中浪费掉时间和精力。就像罗斯福这样，与其用100%的完美折磨自己，不如静下心来好好看看自己75%的实际能力。

我们可以接近完美，但不可能达到完美。这种观念，在我们头脑中必须牢固确立。允许自己犯一些错误，设立的目标实际一点，你会发现，自己更有信心，而且更有能力和创造力，如此也就很少感到失意。

世界顶尖高尔夫球手博比·琼斯是唯一一个赢得高尔夫"年度大满贯"（包括美国公开赛、美国业余赛、英国公开赛及英国业余赛）的人，他被称为是美国高尔夫史上最优秀的业余选手。

在博比·琼斯高尔夫球员生涯的早期，他总是力求每一次挥杆完美无缺。当他做不到时，他就会打断球杆、破口大骂，甚至愤慨地离开球场，他这种脾气使得很多球员不愿意和他一起打球，而他的球技也没有得到多少提高。

直到后来，博比·琼斯渐渐了解，一旦打坏了一杆，这一杆就算完了，但是你必须尽力去打好下一杆。静下心来，调适心态后，你才真正开始赢球。对此，他这样解释说："要对每一杆有合理的期望，而不是寄望非常完美的挥杆成就，你会发现自己的表现良好、稳定，如此也就更容易取胜。"

不完美是人生的一部分，没有人永远不犯错误。这是一个事实，我们越早接受这一事实，就能越早地向新目标迈进。所以，失意时我们必须静下心来，放弃完美，不苛求完美，踏踏实实地尽己所能，就可以问心无愧了。

换句话说，正是因为有了不完美，人们才有了追求和奋斗。倘若一个人苛求件件事情都那么完美，从某种意义上说是极其可怜的。因为他再也无法体会有所追求、有所希望的幸福感受了。

总之，任何事情不会完美无缺，我们可以追求卓越，但不必事事都有好的表现。如此，你会发现自己有机会去发觉自己真正的价值，有机会去了解真正的自我，循序渐进地去摘取成功的桂冠。

第八章
包容失败，歌颂黎明也请拥抱黑夜

做事要有一种慢姿态，当错误积累到一定程度转化成宝贵的人生经验的时候，那将是个人成长的一部分。成功之所以显得珍贵，是因为历经过无数次的挫败。每一次的不成功其实都是一笔巨额财富。

1. 踮起脚尖，就更靠近阳光

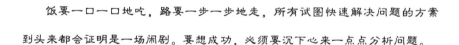

饭要一口一口地吃，路要一步一步地走，所有试图快速解决问题的方案到头来都会证明是一场闹剧。要想成功，必须要沉下心来一点点分析问题。

这是一个不断加速的世界，人们的内心也变得越来越急躁。面对别人的责难，我们恨不得马上冲过去与人理论；面对成功道路上的挫折，恨不能马上就一劳永逸地解决。但是心急从来就不是解决问题的最好办法。成功者为什么能够成功，其中非常重要的一条就是在问题面前镇定自若，有泰山崩于前而面不改色的气魄。当别人都在雨中狂奔之时，总会有人在那里安然赏鱼，而这些人就是最后的成功者。

很多人知道齐白石是著名的画家，但是很少有人知道齐白石对篆刻也有着很深的造诣。但是他的这种造诣并不是天生的，而是经过了非常刻苦的磨炼和不懈的努力，才把篆刻艺术练就到出神入化的境界。

齐白石在年轻时就特别喜爱篆刻，但自己的篆刻技术总是达不到令自己满意的地步。于是，他专门向一位老篆刻艺人虚心求教，希望能够得到快速提高篆刻技艺的窍门。这位老篆刻家对他说："你去挑一担础石回家，刻好了之后全部磨掉，磨完后再刻。等到这一担石头都变成了泥浆的时候，那时你的印就刻好了。"

齐白石是一个比较执着的人，听完后就按照老篆刻师的话一丝不苟地去做。他真的挑了一担础石来，夜以继日地练习，刻好了把它磨平，磨平了再刻，手上不知起了多少个血泡。

日复一日，年复一年，础石越来越少，而地上淤积的泥浆却越来越厚。最后，一担础石终于统统都被"化石为泥"了的时候，齐白石的篆刻技艺也达到了大师的级别。

所有的成功都需要耐心与执着，只有不急不躁，始终如一地努力之后，解决问题的道路才会变得宽广。如果只是单纯地求急图快，不去按照客观规律来解决问题，最终只能适得其反。

抱着急于求成心理的人，恨不能一日千里，但是结果却往往事与愿违。不遵循事情本来的规律，就像一个人还没有学会走路就企图开始跑步，那最后肯定是要摔跟头的。慢慢来，耐心一点，可以沉淀出一份平静，也能够扩展开一条思路，也能够让人有时间转换另外一种角度，或许在山重水复之时找到全新的道路。

在古时候，有一位商人，他离家在外苦心经营多年，终于攒够了一笔足够多的财富，准备回到自己的家乡，与妻儿父母团聚。

由于当时的社会并不安定，路上常有劫匪横行，为了能够安全到家，商人身着一件旧布衣衫、一双平底布鞋，扮作一个风餐露宿的行路人。他把所有的钱都买了玉器，还为此特制了一把油纸伞，将粗大的竹柄关节全部打通，把珠宝玉器全部放入。身藏万贯家私，却貌似贫寒之士，他就这样轻轻松松地上路了。

这确实是一种很好的策略，一路上商人并没有遇到劫匪。在一个傍晚，天上下起了雨，他在一个面馆吃完面后歇息了一下。就在这不经意间，他猛然发现自己一直随身携带的雨伞不见了。当时冷汗就一阵阵往外冒。这可是他奋斗十几年的全部家产。

惊慌过后，商人开始仔细分析自己遇到的情况。他看到自己手里的小包袱完好无损，就大概能断定并没有人专门行窃。一定是有人只顾方便，顺手牵羊取走了自己的雨伞。思索了片刻，商人有了自己的主意，他对面馆的掌柜说自己看中了这个小镇，请他帮忙在交通要道上租一个房子。商人说，自己也没有什么其他的技能，只会修伞。于是，一家门店极小的修伞铺在这个镇子上出现了。

远道而来的商人待人和气，心灵手巧，颇有人缘，人们都愿把废旧的雨伞拿到他那里去修理。可是前来修伞的人谁也不知道这个小小的手艺人其实是腰缠万贯的富商，更无法体会他每天谦和的笑脸背后掩藏着一颗紧张焦灼的心。他每时每刻都在等待着那把油纸伞的出现，可是过了一段时间，经过他手的伞成千上万，却唯独没有他要的那一把。

一天，他接了一把非常破旧的伞，雨伞的主人漫不经心地说："现在的一把破伞值不了几个钱，麻烦您给看看修理的话需要花多少钱。如果太贵的话就算了。"言者无意，听者有心。一句不经意的话启发了商人：自己的那把油纸伞也恐怕破得不能再修了……于是，为了能够尽快找到属于自己的那把雨伞，商人又想了一个好办法。

第二天，修伞铺里张贴出了一条新的广告：所有的油纸伞以旧换新。这一下子人们就议论开了，纷纷拿出家里的旧伞到这里来替换新伞。没过多久，商人的小铺里来了一位中年人，而他手里拿着的伞正是商人曾经丢失的那一把。

商人忍住内心的狂喜，仍然不动声色地收下了那把已经很破旧的纸伞。他转身在店里挑选了一把最好的雨伞，然后慢慢关上了店门。商人打开了伞柄，看到了他全部的玉器。第二天，商人的修伞铺很晚也没有开门，人们打听过后才知这里早已人去屋空。

这个商人的沉着与冷静以及睿智确实让人敬佩，而这也是所有成大事者所共有的特性。孟子有言："夫勇者，骤然临之而不惊，无故加之而不怨。"在遭遇突发问题的时候，保持冷静的人才能迅速地分析处境，想办法控制住局面，把可能受到的伤害程度降到最低。

面对问题，惊慌失措不仅不能很好地解决问题，还有可能传染一种悲观的气氛。一味地慌乱只能让事情变得更加复杂，而选择冷静的心态则是脱离险境、将损失减少到最小的最佳选择。

2. 给幸福创造机会

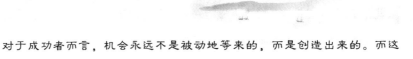

对于成功者而言，机会永远不是被动地等来的，而是创造出来的。而这种创造恰恰来源于好琢磨，并且愿意琢磨的精神。

琢磨是一种态度。在我们身边，总有一些得过且过的人，而这些人有一个共同的特点，那就是凡事不爱琢磨，不愿意往深处想。真正的琢磨是什么意思呢？琢磨的原意是雕琢、打磨，比如对待文章反复加工、精益求精，或是对一件事情反复思索，让其更加完美。

善于琢磨的人在外人看来其实就是有着一股超乎常人的"痴"劲，但是，也正是这股劲才让敢于琢磨、善于琢磨的人得到了自己想要的东西。说起好琢磨的典型事例，"推敲"二字的由来则常常被人提及。

据记载，诗人贾岛有一次骑着跛驴去拜访朋友李余，而他在一路上搜索诗句，终于得了两句觉得不错："鸟宿池边树，僧敲月下门。"在反复吟诵了几遍，他又想将"推"改为"敲"。他犹豫不决，于是在驴背上做推敲的姿势，惹得路上的人又好笑又惊讶。正在他想得入神的时候，跛驴冲撞了时任长安最高长官的韩愈的车骑。韩愈知道了原委后，不但不治他的罪，还和他一起想，最后认为还是"敲"字佳。

事实上，类似于贾岛这样的事例在我国的文学史上并不是个案，中国文人写作时字斟句酌的习惯一直是存在的。王安石有一首非常有名的诗，它的题名是《泊船瓜洲》，诗作最初为："京口瓜洲一水间，钟山只隔数重山。春风又到江南岸，明月何时照我还？"

写完后，王安石觉得"春风又到江南岸"的"到"字太死，看不出春风吹过江南是什么景象，缺乏诗意，想了一会儿，就提笔把"到"字圈去，改为"过"字。后来细想一下，又觉得"过"字不妥。"过"字虽比"到"字生动一些，写出了春风的一掠而过的动态，但要用来表达自己想回金陵的急切之情，仍显不足。于是又圈去"过"字，改为"入"字、"满"字。这样反反复复改了十多次，王安石始终没有找到一个合适的词汇来表达那种感觉。在苦思不得结果的时候，王安石就走出船舱，准备观赏沿途的风景，顺便让脑子休息一下。或许是瞬间换了环境，王安石突来灵感，找到"绿"这个形象生动的词汇，也给我们留下了一首绝好的诗歌，同样也留下了文学史上的一段佳话。

这种字字计较的精神其实就是一种不断琢磨的精神，这种精神从古至今都较为稀缺，也是成大事者应该有的素质和姿态。

或许一个人没有过人的才华，但是只要他肯琢磨，抓住一切能够改进的机会，那么他同样能够取得成功。这种好琢磨的精神可能在外人看来是并不如天赋异禀者潇洒，但是他的每一步走得都异常的沉稳。

"牛仔大王"李维斯的西部发迹史同样充满坎坷、充满传奇。他的制胜"法宝"是每当遭受打击时，永不认输，敢于并且善于琢磨自己遇到的一切事情。

当年的李维斯像许多年轻人一样，带着梦想前往西部追赶淘金热潮，岂料被一条大河挡住了去路。苦等数日，被阻隔的行人越来越多，但都无法过河，人们怨声一片，陆续开始打道回府。"难道自己也要认输吗？不！既然大家都被大河挡住了去路，我何不摆渡呢？"很快，李维斯因摆渡获得了人生的第一笔财富。

由于到西部的时间比较晚，好的地方已经被先来者占据。李维斯好不容易找到一处合适的地方。刚准备开始淘金，便有恶汉走过来跟他抢占地盘。他不过理论几句，那伙人便失去耐心，一顿拳打脚踢。

"没有好的地盘，淘金的希望太渺茫了，这样下去什么都不会得到，难道回家吗？"想到这里，李维斯犹豫了一下，随即对自己说："不！不！不能这样就认输。"看到淘金者们时常忍受没有水喝的痛苦样子，一个念头在他脑中一闪而过："卖水！"

李维斯没日没夜地挖水渠，从百里之外将河水引入水池，然后，将水装进水桶里，开始卖水了。一时间，排队买水喝的人挤破了头，喝够了还要买回去一些储存起来。水总是供不应求，他的生意红红火火。

慢慢地，有人开始参与卖水的新行业了。再后来，卖水的人已越来越多，这样李维斯的生意很快就被瓜分了。这次，他依然没有认输，他看到淘金人成天在野外挖矿，裤子极易被磨破，于是他收集了一些废弃的帆布帐篷，缝制成了裤子。这种裤子布料很厚、很结实，不容易磨破，非常受欢迎，这就是牛仔裤的由来。

李维斯从卖水中发现商机，最终又发明了风靡全球的牛仔裤。对于这样的人来说，无论他身处哪个时代，他都是最后的赢家，因为他有一颗不断琢磨的心。

3. 正确地对待错误

错误不是毫无用处的废弃物，即便是失败中所蕴藏的东西也是值得我们去学习的。

学习哲学的时候，老师曾讲过一条很简单的真理：数量积累到一定程度后就会引发质的变化。这很好理解，所有的事情都是一点点积累而成的。那错误呢?在表面上看，一个错误叠加一个错误以后，会产生更多的错误。但事实上，当错误积累到一定程度的时候，这种看似不好的坏事也有可能成为意想不到的好事。

犯下了错误并不可怕，当然这个前提是能够认真总结自己的错误，从错误中汲取有益的经验。我们每个人都渴望着成功，但是在通往成功的路上，有人一次又一次地努力，结果却换来一次又一次的失败。如果在这个时候，我们只是一味地哀叹、一味地埋怨，那么再多的错误也只能徒增个人的烦恼。而如果肯认真研究这些错误，很可能就会最终通向成功。

小李是一个软件公司的程序员，工作一直勤勤恳恳，就是有一个毛病，特别容易急躁。一次，小李遇到了一个很棘手的程序，编写工作十分困难，试了无数次都失败了。小李急躁的毛病又犯了，把手头的东西都丢到了垃圾桶里。同事小王看到小李愤怒的神情，便走过来看小李的编程。小王从几次的错误程序中选取了一些语句拼接起来，便把问题解决了。小李惊叹小王的技术，小王却笑着说："你看看你，这一个语句中犯了这个错误，下一个语句中解决了这个问题，但又犯了另一个错误。你要是仔细把这几个错误的程序连起来看，很容易就可以发现问题了。你啊，就是太急躁了，不会回头看看那些错误的东西，你那些编错的东西其实也不是完全没用的啊。"

　　要想成功地做好一件事情，往往需要各方面的配合。导致失败的原因很可能就是因为其中的某一个环节出了问题。

　　珍视每一次犯错误的机会，每一次的错误都有着自己无法替代的实际价值。而现实中的人往往习惯以最终的成败来评论一件事情。当一个人因为错误而感到气愤的时候，反而失去了发现真理的机会。

　　所有的真理都是在一次次错误的验证之后确立的。在经过一次次的犯错之后，最终才能够获得我们所要的真理。人无完人，在走向成功的道路上，难免会犯下种种的错误。既然错误无法避免，那当初我们在犯下错误的时候就不要心怀沮丧，要让自己冷静下来，回头正视自己的错误。错误其实并不可怕，错误其实也没有那么令人厌恶，因为这些错误往往就隐藏着真理。我们回过头来的时候，如果细细检查自己曾经所犯下的错误，就会在这些错误中有意想不到的收获。

一位作家在自己的回忆录里说，少年时代的自己并不安分，也曾是一个爱撒谎的孩子，总是企图用谎话推掉自己对于某件事的责任。

可是，这种撒谎的行为并没有使他获得理直气壮的感觉，反而常常使他产生沉重的内疚感。在很多的时候，他已经意识到自己在做不好的事，但还是忍不住去做，这就使他处于非常矛盾的境地。

但是这种矛盾的境地也促使了他对自我的反省。没有多久，他就逐渐抑制住了自己爱撒谎的习惯，消灭了一种消极品性滋长的可能性。

1977 年，他已经大学毕业了。在去往北京的火车上，他开始仔细反省了一下自己在过去几年中的种种行为，将自己做过的亏心事细数了一遍。透过这些亏心事，他开始对自己有了一个全新的认识。也开始意识到了自身性格中的不少消极因素，诸如怯懦、"随风倒"等。认清了这些消极因素并不是最终目的，他的目标是通过自觉的努力去克服它们，从而使自己的性格朝着有利于成功的方向发展。

在以后的人生中，这位作家把反省列为人生信条的首位，肯定是有他自己的道理的。通过自省，他能够清晰地认识到自己性格中的种种消极因素，自觉地抑制这些因素的扩张。

无论是成功还是失败，它总是由多种原因共同引起的。想要获得成功，一个人必须懂得不断地反省和总结自己，改正自己的错误才不会老在原地打转或再次被同一块石头绊倒。人只有通过"自省"，时时检讨自己，才可以走出失败的怪圈，走向成功的彼岸。

一个习惯从错误中不断总结的人是可敬的，因为他对胜利有着一种近乎偏执的热爱。也正是出于这种热爱,他才选择去尝试,在尝试中犯错,在犯错后总结。当错误都总结成经验的时候,那通往成功之路的大门早已经为他打开。

4. 让心灵在宁静中自由驰骋

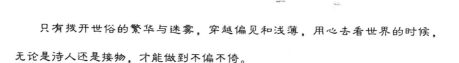

只有拨开世俗的繁华与迷雾,穿越偏见和浅薄,用心去看世界的时候,无论是持人还是接物,才能做到不偏不倚。

古人形容偏见有一句成语,叫作"一叶障目,不见泰山"。事实上,偏见就是这类人共有的标签。偏见不是不见,而是有选择性地见,这种见,往往是根据自己的需求而定。举个非常简单的例子,在篮球赛场上,绝杀是最激动人心的时刻。一场比赛中,执行最后一次投篮的人往往会饱受争议:喜欢他的人可能会说这是一种责任和担当,而不喜欢的人则会认定他打球太独,在最后一刻应该选择将球传给位置更好的队友。

有这样一个故事:在一个马场里,有一匹谁也无法驯服的烈马。这匹马的暴烈让所有的骑手都望而却步。只要有人骑到它的身上,这匹马就会狂奔不止,一直将骑手摔倒在地才肯罢休。即便在平时,谁要走近它一步,它也会前蹄翻空,发出巨大的嘶鸣声。

所有的骑手都一致认为，这是一匹性格暴烈、无法被驯服的马。

但是没过多久，一个外地来的驯马人就很轻易地驯服了这匹马。其他的人都很惊奇，问及原因。这位外地的驯马人说，这匹马很胆小呀。我看见这匹马因为马棚里的一只老鼠就四处乱跑，它时时都处于一种紧张但无力自拔的恐惧之中。我慢慢喂给它豆子，给它梳理毛发。于是在你们看起来很烈的一匹马变成了天下最温和、最老实和最胆小的马。

有时候觉得生活在跟我们开玩笑，从最烈的马到最温顺的马，造成这种反差的原因就是因为人们的偏见。偏见的形成有很多种原因，或许是因为经历过一些事情，或许是亲朋好友之间的口耳相传。但是，有一点不可否认，那就是心存偏见会让人显得浅薄。

人世间的事情就是这样奇妙，人们按照各自的需求来重新架构这个世界。当双方观点不同时，总会出现双方嘴皮官司不断的情形。其实，这是完全没有必要的。在很大程度上，人们认知这个世界的方式就像是盲人摸象，当为大象是像柱子还是像墙而争论不休的时候，还不如好好地想一想，不要让偏见和浅薄充斥着我们的大脑。

在纽约到波士顿的火车上，一个人发现自己的座位旁边是一位盲人。当时正值洛杉矶种族暴乱的时候，因此话题自然也就谈到了种族偏见的问题。

在交谈中盲人说，他从小就生活在美国南方，认为黑人天生就低人一等。他家的佣人是黑人，在南方的时候，他没有和黑人一起吃过饭，也没有和黑人一起上过学。

到了北方念书，有次他被班上同学指定办一次野餐会，他居然在请帖上注明"我们保留拒绝任何人的权利"。在南方这句话就是"我们不欢迎黑人"的意思，当时举班哗然，他还被系主任叫去骂了一顿。

他说有时碰到黑人店员，付钱的时候，他总将钱放在柜台上，让黑人去拿，不肯和黑人的手有任何接触。

但是当他大学毕业后开始念研究生的时候，发生了一起车祸。最终虽然保住了自己的性命，但是他的双眼却失明，什么也看不到了。在无奈之下，他进入一家盲人重建院，开始在那里学习如何使用点字技巧，如何靠手杖走路，等等。到了最后，他终于能够独立生活了。

盲人接着说："我当时最苦恼的是，我弄不清楚对方是不是黑人。我向我的心理辅导员谈这个问题，他也尽量开导我，我非常信赖他，什么都告诉他，将他看成良师益友。有一天，那位辅导员告诉我，他本人就是黑人。从此以后，我的偏见就完全消失了。我看不出对方是白人还是黑人，对我来讲，我只知道他是好人，不是坏人。至于肤色，对我已毫无意义了。"

眼睛有时候并不能带给我们真相，甚至很多时候还会选择性地欺骗我们。有人说盲人固然不幸，但是从另外一个角度看，他们也是幸福的。因为他们不是用眼而是用心来看待这个世界。这个时候，他们往往能够将世界看得更加真切。而我们用眼来观察世界的时候，多半是不全的、浅薄的，而用心来感受这个世界的时候，这个世界才是完整的。

用心去看待世界，无论是身处逆境之中，还是在茫然不知所措的时候，都能够通过表象看到问题背后的实质，看到未来的希望。而这也是一个人逐渐成长的过程，也是所有成功者不断积累自己的方式。

5. 放开昨日，拥抱明天

选择爱心、选择宽容的人将会更为公正地看待一个人，也会更加公正地看待这个世界。

人与人之间的交往免不了要磕磕碰碰，会有各种利益纠葛。这种时刻，往往也就是矛盾最容易爆发的时候。当双方都争论不休的时候，有一种强大的武器叫作博大的胸怀。人们常说大爱无疆，只有抱着推己及人的心理，与人为善，最终才能用爱心融化自己的偏心。所谓"江河不择细流，海纳百川"说的其实就是这样的道理。

从前，有一位师父打发他的年轻弟子去集市买寺庙日常使用的东西。可弟子回来后满脸不高兴。

于是师父问他："什么事让你这么生气？"

"我到集市上的时候，很多人直勾勾地盯着我看，有些人还不停地嘲笑我！"弟子撇着嘴非常不满地说。

"哦？他们都嘲笑你什么呢？"师父轻声地问道。

"还能笑话我什么？笑话我个子矮呗！哼！可是，这些俗人哪里知道，虽然我长得不高，但我心胸可宽广着呢！"弟子说完后依然一副气呼呼的样子。

师父听完他的话，什么也没说，转身拿起了一个脸盆，带弟子来到海边。

弟子一脸狐疑地跟了一路，不知道师父要做什么。当终于到了海边的时候，只见师父先用脸盆盛满海水，然后往盆里丢了一颗小石头，脸盆里的海水立刻溅了一些出来。接着，师父又捡起一块大石头，用力扔进前方的大海里，而大海却依然平静，没有任何反应，仿佛石头从来就不曾出现过。

"你说自己的心胸很大，是吗？可依我看，你的心胸不见得有你所说的那样宽广，人家只是说了几句你不爱听的话，你就生那么大的气！这和将石子丢进脸盆，水花到处溅的情形不是很相像吗？当你有一天，心胸真正变成大海那么宽广了，你就不会这么生气了。"

弟子这才恍然大悟：和宽广的"大海"比起来，自己的心胸真的就只是像这个小小的"脸盆"一样啊！

一个人的心胸是否宽广，要看的方面有很多，其中最能反映的就是对待对手的态度。众所周知，人们最不愿意见到或者提及的人就是对手，在描述对手的时候，总是极尽羞辱之词，这其实就是一种偏心。

一个心怀大志的人最懂得博爱的力量，当一个人能够让自己的对手都心甘情愿为自己效劳的时候，那还有什么事情是做不成功的呢？偏心种下的后果只能是无尽的仇恨，而博大的爱心下面能够带来的将是意想不到的收获。

春秋时期齐国国君齐襄公被杀。公子纠和公子小白听到襄公被杀的消息后，都急着要赶回齐国争夺君位。

在公子小白快速返回到齐国的路上，遭遇到公子纠的师傅管仲的埋伏。管仲搭箭瞄准，小白应声倒在车里。

管仲以为小白已经中箭而亡，便放慢了前行的脚步，不慌不忙地护送公子纠回齐国。事实上公子小白是诈死，他和自己的师傅鲍叔牙早已抄小道抢先回到了国都临淄，并当上了齐国国君，史称齐桓公。

齐桓公即位以后，下发的第一道命令就是追杀公子纠，并把管仲缉回齐国治罪。

但是鲍叔牙却不赞同齐桓公的做法，大力向齐桓公力荐管仲。齐桓公感到非常气愤："管仲拿箭射我，要不是我诈死躲过一劫，我的命就丧在他的手里，这样的人我怎么能用呢？"

鲍叔牙说："那个时候的管仲是公子纠的师傅，他用箭射您，正是他对公子纠的忠心，也是他的职责所在。现在这个时候，您刚刚成为国君，整个朝堂的根基不稳。论实际的治国本领，管仲远远在我之上。主公若想成就一番大事业，管仲可是个非常有用的人才。"

齐桓公听了鲍叔牙的话，略有所悟，于是不但没有降罪于管仲，还立刻任其为相，让他管理国政。而管仲也确实对得起鲍叔牙对他的推荐，帮着齐桓公内整朝政，外开铁矿。齐国越来越富强，终究成就了齐桓公春秋五霸之位。

赢得朋友的支持并非难事，而能够赢得对手的尊重才是一种能力。这种能力的取得，依靠的不是武力，而是博爱。爱一个值得去爱的人或者一件事是让人感觉愉快的事情；恨一个自己不喜欢的人也不是一件难事。最难的是如何去"爱"我们不喜欢或者不喜欢我们的人。这就要求我们拥有一颗强大而博爱的心。

从小处来看，人们常说的冤家宜解不宜结；向大处着眼，志存高远需要大胸怀，海纳百川成其广，人纳百事成其大。没有生来的强者，有的是依靠自己胸怀不断吸引别人的成功者。

爱心并不显眼，但是爱心有着超乎寻常的力量。这种宽容和爱心比惩罚更有力量，是纠正自己偏心的最佳方式之一。人之所以会偏心，归根到底其实还是由于自己的内心无法容忍别人的错误，用单一的标准来衡量一个人。

6. 让心灵转个弯

每个人都是一个独立的个体，只有不停地换位思考才能够让人们彼此尊重，才能让内心达到平和的状态。

每个人都在扮演着多种角色。同样的一个人，在人生中扮演的角色又不尽相同。小时候，孩子是父母眼中的希望，父母是孩子眼中的靠山。而长大后，孩子又成为了父母的依靠。这个简单的事实说明了一个规律，这是一个人的身份不断变化的世界。在这种不断变化的过程中，如何才能让人们在不断变化的过程中保持内心的平静，在得失之间找到相应的平衡呢?其中非常重要的一个原则就是要学会换位思考。

球王贝利是足球界人尽皆知的明星，但是他也是经历了从懵懂到成熟的成长过程。贝利在很小的时候就显示出了非凡的足球天赋。随着了解贝利的人越来越多，许多认识或者不认识的人开始和贝利打招呼，还向他敬烟。像当时所有的未成年男孩子一样，贝利喜欢吸烟时那种"长大了"的感觉。

有一天，当贝利在街上向人要烟时被父亲看见了。父亲的脸色很难看。小贝利低下头，不敢看父亲的眼睛，因为他害怕看到父亲失望的眼神。

父亲说："我看见你抽烟了。"贝利不敢回答父亲，一言不发。

父亲又说："是我看错了吗?"贝利盯着父亲的脚尖，小声说："不，你没有。"

父亲问："你学会抽烟多久了?"

贝利小声为自己辩解："我只吸过几次，几天前才……"

父亲没有听贝利过多的解释，打断了他的话，说："告诉我，香烟的味道好吗?我没抽过烟，不知道烟到底是什么味道。"

贝利嗫嚅地小声说："我也不知道，其实感觉并不太好。"贝利说话的时候，突然绷紧了浑身的肌肉，手不由自主地往脸上捂去，因为他看到站在他眼前的父亲猛地抬起了手。按照贝利的想象，那将是一记响亮的耳光，但是父亲顺势把他搂在了怀中。

父亲说："你踢球有点儿天分，也许会成为一名高手，但如果你抽烟、喝酒，那就到此为止了。因为你将不能在90分钟内一直保持一个较高的水准，这事由你自己决定吧。"

父亲说完，打开他瘪瘪的钱包，拿出几张为数不多的皱巴巴的纸币，父亲对贝利说："你如果真的想抽烟，还是自己买的好，总跟人家要，太丢人了。你一般买烟要多少钱，这些钱够吗？"

贝利深深低下了头，为自己以前的行为感到了羞耻。从这件事情以后，他再也没有抽过烟。后来贝利凭借着过人的天分和勤学苦练，终成一代球王。

贝利的父亲对贝利的教育并没有选择简单粗暴地制止，他也经历过离经叛道的青年时代。通过换位思考，父亲达到了极好的教育目的。换位思考，不仅能够拉近人与人之间的关系，还能够让对方体会到自己的良苦用心。

卡耐基说："与人相处能否成功，全看你能否以同情的心理体谅和接受他人的观点。"以同情的心理，站在对方的立场去看问题，指的就是换位思考。在现实的工作之中，如果双方能有换位思考的精神，工作往往能够事半功倍。如果只是单纯地一味从自身利益出发，不考虑其他人的利益，这样就很难取得预期的成功。

老刘在自己的网络公司新开了一个项目，这个项目在前期需要投入的资金很大，不仅需要他亲力亲为地监督项目的运作，还要求与此项目有关的人员在项目未完成期间不能请假。

新项目开展后，公司里不少员工都不得不在白天工作完后，继续加班。老刘看到员工们这样任劳任怨，就得意扬扬地说："这叫战友情谊！"

但是时间一长，就有员工开始抱怨了。

那天，负责此项目的小李在洗手间抱怨公司没人性，说老板不但不替员工考虑，还变相压榨员工。老刘正好在洗手间外面，听到了小李的抱怨后，顿时怒火中烧。他指着小李，大声呵斥道："你领我的薪水，就要替我干活。如果不想干，可以交辞职报告！"

老刘说的本是一时气话，谁知小李马上就递交了辞职书。

冷静后的老刘想到，小李在此项目中有着举足轻重的作用，就有些后悔了。可惜木已成舟，怎么做也不能把小李留住。就这样，由于此项目中的负责人小李的离开，让老刘在这个项目上付出了很大的代价。

不要再去抱怨周围的人对你是否友善，也不要去想着利用自己的权势让人驯服。

在与人的交际生活中，换位思考的重要性是不言而喻的。人与人之间的交往，不仅需要坦诚相待，更需要换位思考。只有不断地换位思考，彼此之间才会懂得尊重。也正是有了不断地换位思考，才会获得更多的尊重。如果一个人凡事都能做到换位思考，往往能够有意想不到的收获。

7. 做好自己，善待他人

有理解就会有误解，在误解产生的初期，可能会有一时的愤怒，但是要始终相信：做好自己，善待他人。当误解变成理解之后，掌声会从所有人身上响起。

人生在世，想要得到理解不容易，但被误解却是异常轻松的一件事。或许一句无心的言辞或者动作，甚至一个没有任何意义的眼神都可能让别人产生误解。很多人想方设法企图避免误解的产生，但事实上这是不现实的。或许在我们自己看来是一个非常无心的举动，在他人的眼里却充满了敌意。

在面对别人误解的时候，首先要控制住的就是逆反情绪和攻击欲望，这就需要我们进行适当的忍让，然后找到正确的方式争取得到他人的谅解。当然，这并不是刻意去迎合一个人，而是要有自己的立场，要让对方诚心实意为自己鼓掌。

有这样一则故事。故事说的是有一个威风凛凛的大力士名叫赫格利斯，他力大无穷，他作战从来都是所向披靡、无人能敌。到了最后他是何等的春风得意，感觉天下就没有人是他的对手了。

有一天，他一个人行走在一条狭窄的山路上，突然，他险些被一个东西绊倒。他定睛一瞧，原来脚下躺着一只毫不起眼的袋囊。

他用力猛踢一脚，那只袋囊非但纹丝不动，反而气鼓鼓地膨胀起来。很久没有被人挑衅的赫格利斯恼怒了，挥起拳头又朝它狠狠地一击，但这只袋囊依然如故，并迅速地胀大着。赫格利斯暴跳如雷，从身边拾取一根木棒朝它砸个不停。可是好像这只袋囊被施了诅咒一样，他越用力地敲打，袋囊胀得越大，最后将整个山道都堵得严严实实。

赫格利斯累得躺在地上，气喘吁吁，气急败坏却又无可奈何。不一会儿，一位智者走来，见此情景，困惑不解。赫格利斯懊丧地说："这个东西真可恶，存心跟我过不去，把我的路都给堵死了。"智者仔细观察了那只气鼓鼓的袋囊，平静地说："朋友，它的名字叫'仇恨袋'。当初，如果你不理会它，或者干脆绕开它，它就不会跟你过不去，也不至于把你的路堵死了。"

人与人之间产生摩擦、纠葛甚至误解都是再正常不过的一件事情。在我们每个人的心中，其实都隐藏着这样一个"仇恨袋"。如果误解得不到消除，就会成为一种仇恨，我们在以后的生活中就像负重登山一样，变得举步维艰，发展到最后，只能将自己前行的道路堵死。

每个人与他人之间并没有天然的仇恨，误会大多开始于日常生活中鸡毛蒜皮的小事情。当遭遇误解的时候，它所带来的负面意义就是把美好的误解为丑恶的，把善意误解为恶意。如果任由误解发展，它将成为人生中一层阴影。

在《丑石》这篇文章里，一块毫无特色的石头就被周围所有人误解。它没有棱角，也没有平面，无法用来垒墙；由于石质太细，石匠甚至无法用它来洗磨。

正如作者描绘的那样："它不像汉白玉那样的细腻，可以凿下刻字雕花，也不像大青石那样的光滑，可以供来浣纱捶布；它静静地卧在那里，院边的槐荫没有庇覆它，花儿也不再在它身边生长。荒草便繁衍出来，枝蔓上下，慢慢地，竟锈上了绿苔、黑斑。我们这些做孩子的，也讨厌起它来，曾合伙要搬走它，但力气又不足；虽时时咒骂它，嫌弃它，也无可奈何，只好任它留在那里去了。"

但是正是这件人见人恨、看上去一无是处的破石头却被一位天文学家视为珍宝，原来它是一块陨石，从天上落下来已经两三百年了，是一件很了不起的东西。

正是因为它不是一般的顽石，当然不能去做墙、做台阶，也不能用去雕刻。从本质上说，它不是做这些玩意儿的，所以常常就遭到了一般世俗的讥讽。

当掌声响起来的时候，不仅有支持自己的朋友，还有曾经误解的对手，这样的人何愁不能取得人生的成功呢？

8. 做不了第一，就做快乐的第二

人生不是竞技，不必把"撞线"当成最大的光荣。

众所周知，"第一"意味着鲜花和掌声、意味着荣誉和尊严。于是，身在喧嚣中的红尘之人往往被这些浮华扰乱了心性，把"第一"当成最大的荣耀，惯于为"第一"而奋斗，并为此不断地追赶、奋力地奔跑，不甘落后、不甘平庸。

殊不知，处处争第一，太要强、太功利地竞争，只会让自己的心跟着浮躁起来，显得草率而轻狂。而屡争不得，第一的诱惑总在眼前，身心皆被驱使着，生命可能就会变成劳役，感觉疲惫不堪。

大学同学聚会上，唯独邱楠没有来参加。原来邱楠的女儿高考落榜了，而她本人也因为突发性高血压住进了医院。邱楠十分沮丧地躺在病床上，静静地望着天花板，后悔自己当初为何处处争第一。

在学校的时候，邱楠处处要争第一。为了争得班上唯一的班长位置，小小年纪的她居然使出浑身解数，四处笼络班里的同学，劝说他们投自己的票，结果还是落选了，为此她大病了一场；她曾发誓自己要嫁给的男人一定要是所有女伴男友中最优秀的一个，结果如愿以偿，她好不得意；做了母亲之后，

219

邱楠给女儿报了学习辅导班、美术班、舞蹈班等，她要培养出一个处处都是第一的女儿。结果，高考时一向成绩优异的女儿居然落榜了。

人生不是竞技，不必与众人争先恐后、日夜兼程，把"撞线"当成最大的光荣。

做不了第一，就做快乐的第二。即便能做第一，也不妨学着将自己放在第二的位置上。因为，高处不胜寒，而且当了第一将会尝尽众人之上的滋味，如果日后有所下落，感受的可能就是心理失衡。

更何况，人最大的敌人不是别人，而是自己，每个人都有属于自己的人生，每个人都是和自己赛跑的人，我们没有必要去和别人一比高下，而是要学会和自己争第一，勇与自己比高下，战胜自己、超越自己。

在人生的道路上，就像一场龟兔赛跑，不管在赛跑的过程中谁跑得快或慢，不管你是乌龟或是兔子，只要没有到达终点就谁也不知道谜底到底是什么。

处处争第一、与众人争先恐后，身心皆被驱使着，生命就有可能变成劳役，从而感觉疲惫不堪。让狂热的自己静下心来吧，别被这些浮华扰乱了心性，做不了第一，就做快乐的第二。大度一点、坦然一点，你的心将是一片浩渺的水域。

9. 忘掉过去，明天又是艳阳天

当各种各样的挫折接踵而至的时候，有人选择用眼泪来发泄内心的苦痛，而有人则选择笑对伤害，使自己的内心更加的坚强。

所有的坚强都不是写在纸上的口号，也不是自己给自己加上的一个标签。真正坚强的人，从来不会标榜自己有多么坚强，而是即便流泪，他也能面带微笑。也没有谁天生就是坚强的，要想让自己变得强大，就如同剑师铸剑，只有在一次次的淬火中才能炼出一把绝世好剑，而人也要历经一次次的伤害和磨砺才能让内心变得真正强大。

高尔基曾经说过："苦难才是真正的大学。"人生在世总有那么多的无奈，总有那么多让我们感叹的事。面对这些苦难，我们不能任其摆布，甚至随意消沉下去。有时候我们需要"扼住命运的喉咙"，这才是真正强者的呐喊，才是成功者的座右铭。

英国著名史学家卡莱尔曾经遭遇了一次沉痛的打击。他呕心沥血几十年，终于完成了一部旷世大作《法国革命史》。但是就在他欢欣鼓舞的时候，他的女仆却由于疏忽将手稿一举烧尽！

得知此事后，卡莱尔非常失望，几十年的心血被付之一炬，他的生命仿佛走到了尽头。然而他并没有一蹶不振，更没有终日沉浸在慨叹惋惜中。卡莱尔最终选择了坦然去面对。

过了几天，卡莱尔打起了精神，重新开始写作。由于有第一次写作的积累，他很快就将这部著作又写了一遍，而且，结果比第一次还要好。我们现在读到的《法国革命史》是卡莱尔重写过的。

时至今日，当我们拜读他伟大的著作时，不仅仅会赞美他的非凡成就，还会以一种朝圣者的心情来敬畏他的胸襟、他的毅力、他的坦然。

不是每一个人都有足够的能力和耐心来写一本书，更不是每一个人在面对自己半生的努力都付之一炬时还能坦然面对，选择重新来过。卡莱尔是不幸的，女仆的一次失手造成的伤害对于一个从事学术研究的人是怎么样的危害？我们无法体会到卡莱尔当初的心情，但是我们知道的是这次伤害和挫折没有让卡莱尔倒下，而是让他的内心变得更加的坚强。

一个年轻人因为生活不如意站在桥上想跳桥自杀，而他手里拿着一本诗集，诗集的名字是《命运扼住了我的喉咙》。这本诗集的作者听说这件事以后，随后拿了另一本诗集，冲向了河边。当他来到河边，轻轻走到年轻人的前面。想要轻生的年轻人见有人上前以为是强行劝阻的人，便做出欲跳的姿态大声嚷道："不要过来！你不用劝我，我是不会下来的，命运对我太不公平了。"

诗人冷冷地说："我本不是来劝说你的，我来到这里的目的是为了取回我那本诗集的。"

年轻人有点愣住了，他没有想到自己喜欢的诗人也能过来。看到年轻人有些犹豫，诗人接着说："我要将这本诗集撕碎，不让它再危害别人的思想，我可以将我手中的这本诗集和你手中的那本交换。"

年轻人犹豫了一会儿，答应了诗人的请求，接过诗人手上的那本诗集。一看便有点吃惊，书名和自己手中的正好相反：《我扼住了生命的喉咙》。

诗人从年轻人手中接过那本诗集，对着它凝望了一会儿，转眼便将它烧得精光。烧完后，诗人又说道："以前我四肢健全时，曾多次站在你那里；但当我经历了那场车祸变成残疾人后，我便再也没站在那儿过。"说完，诗人便选择了离开。

桥头的年轻人看着诗人逐渐远去的背影然后陷入了沉思，终于从桥架上下来了。

每个人都是自己命运的主人，在一切顺利的时候可能体会得还不那么真切，但是一旦遭遇到不顺甚至是打击，人们才会体会到乐观的心态所能够起到的重要作用。相信上帝，不如相信自己，相信意外的机遇，不如磨炼自己的内心。当一个人的内心变得足够强大的时候，他内心的焦虑和不安自然也就会消失。这样的人，注定成就一番属于自己的事业。

第九章
走出低谷，乌云之上总有晴空高照

艰难困苦，玉汝于成。要想成为光彩夺目的珍珠，首先要做的就是把自己裸露在外，经历一次次的打磨。我们可能会面临低谷，但是每一个不懈怠的人都会得到命运的垂青，只不过是时间早晚而已。

1. 玫瑰不怕赞美，强者不怕压力

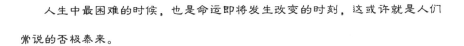

人生中最困难的时候，也是命运即将发生改变的时刻，这或许就是人们常说的否极泰来。

如果将人的一生比作一口大锅，当走到锅底的时候，只要肯向前，无论哪个方向都是向上的路。这就是人们常说的锅底法则。

永远不要咒骂低谷的到来。对于一个人来讲，能否在低谷中站立起来，主要取决于他能否把握住低谷的价值。人生起起伏伏，遭遇低谷是再正常不过的事情。要想从低谷中走出来，首先要相信自己每向前迈一步都是从谷底往上前行的节奏。

他出生在美国一个极其普通的家庭，一家人勉强供他念到了大学。大学毕业以后，他找到了一份杂志社的差事，并且开始在报纸上发表一些文章。这个时候的他如同所有以文字写作为生的年轻人一样，雄心勃勃，渴望成就一番事业。

好几年过去了，他虽然发表了一些文章，但是离成名的距离还相差太远。在思考之后，他认为整天写豆腐块是没出息的表现，于是考虑写长篇小说。

28岁那年，他终于写出了一部属于自己的长篇小说，但作品出版后，反应平平，既没有赚到钱，也没有获得期望中的名声。他的心一下子沉下去，他开始怀疑自己的能力。

祸不单行，正在这个时候，他和杂志社的老板产生了一些矛盾。老板一怒之下炒了他的鱿鱼。可是恰逢经济不景气，四处求职也没有什么结果，他变得越来越穷困潦倒。偏偏这个时候，一场人生的灾难向他降临，他病倒了。

治病的日子是异常难熬的，他成天躺在床上什么都做不了，感到全身都变得空洞。他开始胡思乱想起来，为了让自己的脑子不去想这些乱七八糟的事情，他想，何不找些轻松的书籍来阅读，譬如推理小说之类的呢？

他是一个较真的人，真的找来几本看起来，就这样看完就换一批，看完就换另外一批。两年后，他出院了，竟在不知不觉间看了两千多册推理小说。或许是潜移默化的原因，总之，他渐渐喜欢上推理小说，最后，他干脆写起推理小说。让他感到惊讶的是，他觉得自己竟然很适合写推理小说。

没过多久，他就写出一篇推理小说，小心翼翼地送到编辑手上。让人深感意外的是，这篇名叫《班森杀人事件》的推理小说一出版就大受欢迎，他由此迅速走红。

他叫范达因，美国推理小说之父。他创作的《菲洛·万斯探案集》成为世界推理小说史上的经典巨著，全球销售量达 8000 万册。

由此可见，很多看似已经跌落谷底的事情未必是一件坏事。在很多时候，只有当一个人完完全全跌到人生的谷底，远离了当初的欲望和喧嚣后才能彻底地看清楚自己，才知道自己究竟该走什么样的道路。

对于任何一个人来说，跌到谷底当然不是一件好事，但也不完全是一件坏事。一旦身在谷底，其实也就变得无所畏惧，这种无所畏惧恰恰是一名成功者所必备的心理素质。

此外，经历过黑暗的人才懂得光明的珍贵，经历过谷底的人才会知道成就一番事业的艰辛。没有人愿意长时间待在谷底，但是身在谷底绝对是一笔无法估量的财富。它打开的是未知的大门，它唤起的是心底的勇气，而它成就的是强者的胜利。

2. 空山新雨后，天气晚来秋

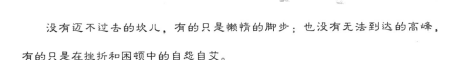

　　没有迈不过去的坎儿，有的只是懒惰的脚步；也没有无法到达的高峰，有的只是在挫折和困顿中的自怨自艾。

　　有些人叫嚣着无知者无畏，总是企图用简单粗暴的方式打开成功的大门。事实上，一个人要想取得最后的成功，所需要的因素有很多。其中最重要的一点就包括自己的知识储备水平。

　　一个人在顺利的时候，往往能够按照自己的计划不断地前行，但是一旦遭遇不幸，身处困顿之时，又该如何去做呢？很多人尝试着摆脱这种局面，但是结果常常收效甚微。有人则利用这些困顿的时间认真地进行着知识储备，最终在恰当的时机得到了用武之地。

　　有这样一个男孩，他的学习成绩实在是太过糟糕，一路上跌跌撞撞，直到 21 岁才勉强高中毕业。

　　毕业之后，他入伍参军，在山西大同当了一名工程兵。在那个时候，他每天都要沉到数百米的井下去挖煤，脚上穿着长筒水靴，头上戴着矿工帽、矿灯，腰里再系一根绳子，在齐膝的黑水中摸爬滚打。听到脚下的黑水哗哗作响，抬头不见天日，他忽然感到一种前所未有的悲凉，自己已走到了谷底。

　　心有不甘的他开始大量阅读书籍，只要是书，他都拿过来阅读。甚至在没有其他书籍可看的情况下，他借来《辞海》也津津有味地翻阅。书越看越多，他逐渐开始对古人产生兴趣。自小语文功课就不怎么好的他利用业余时间，用铅笔把碑文拓下来，然后带回来潜心钻研。这些碑文晦涩难懂，书本上找不到，既无标点也没有注释，全靠自己用心琢磨。吃透了无数碑文之后，不知不觉中，他的古文水平已经突飞猛进，再回过头去读《古文观止》等古籍时，就非常容易。

后来转业到了地方，他开始研究《红楼梦》。正赶上那个时代《红楼梦》研究热。由于他的史料基本功扎实，见解比较独到，他很快就被吸收为全国红学会会员。在一次"红学"研讨会上，专家学者们从《红楼梦》谈到曹雪芹，又谈到他的祖父曹寅，再联想起康熙皇帝，随即有人感叹，关于康熙皇帝的文学作品，国内至今仍是空白。言谈中，众人无不遗憾。说者无心，听者有意，他心里忽然冒出一个念头，决心写一部历史小说。

1986 年，他以笔名"二月河"出版了第一部长篇历史小说——《康熙大帝》。此后，他的创作就像迎春的二月河一样，多年的积累喷薄而出。

毫无疑问，假如没有在部队时拼命自学的精神，就不可能有后来名满天下的"二月河"。他在 21 岁那年坠到了人生最为困顿的时期，但正是这一时期的积累让他在不惑之年步入了人生的巅峰。

在困顿中，也许一时看不到光亮，但是必须要有不断提高自己的意识。如果在困顿中无法进行储备，那即便是一时脱离了困顿也不会走得更远。

乔治的父亲辛曾经是一名拳击手，曾多次获得过拳击比赛的冠军，如今年老体衰，只能病卧在床。

有一天，父亲的精神状况不错，看着一直陪伴在自己身边的儿子，对儿子说了某次赛事的经过。那是一次拳击冠军的对抗赛，他的对手是一位人高马大的选手。由于体型的悬殊，辛的个子相当矮小，一直无法反击，反而被对方击倒，连牙齿也被打出血了。

在中场休息时，辛的教练鼓励他说："辛，千万别怕，你一定能挺到第12局！等你撑到那个时候，你也就快要接近成功了。"听了教练的鼓励，他也说："我不怕，我应付得过去！"

于是，满身是伤的他跌倒了又爬起来，爬起来后又被打倒，虽然一直没有反攻的机会，但他却咬紧牙关支撑到第12局。第12局眼看要结束了，对方打得自己心里都没有底气了，仿佛辛是永远也打不倒的人一样。正当比赛快要结束，对手愣神的时候，他发现这是最好的反攻时机。于是，他倾全力给对手一个反击，只见对手应声倒下，而他则挺过来了，那也是他拳击生涯中的第一枚金牌。

当困顿让自己的生命逐渐丧失光彩的时候，请千万记得这是积累力量的最好时刻。在通往最后成功的道路上，我们也许做不到招招制敌，但是可以做到一击制胜。

被日本人推崇为"经营之神"的著名企业家松下幸之助，曾经历过卧病在床、发不出薪资的窘境。他在《路是无限宽广》一书中回忆这段日子时说道："只要我们本身具有开拓前途的热忱，从心灵深处拜各种事物为老师，虚心去学习的话，前途依旧是无可限量的。"

当停止抱怨，让自己的内心在困顿中沉淀出惊人力量的时候，那也是即将取得最后胜利的前兆。

3. 风雨过后才能见彩虹

一粒种子之所以能够成长为参天大树，是因为它将自己的根深深埋进了土里。一个人要想成就一番事业，同样需要这种放低姿态的累积。

很多人都向往着能够达到人生的巅峰，可是，如果没有从低处的积累和进步，哪里会有最终的"高就"呢？

没有一条道路平整到毫无坑洼，但我们不能因为有坑洼而拒绝前行；也没有一种人生会不经历任何挫折，只有在坑洼中沉得住气，在挫折中认真总结，未来的道路才会更加的宽广；只有在低谷中积蓄力量，有朝一日才能登上另一个高峰。

成功者和失败者之间最大的差别往往不在于个人真实的能力，而是在于面对低谷时期的选择。无论是生活上的困境还是精神上的磨难，这对于一个有着强大精神信念的人来说都是一种财富。这些事情并不能影响他们走向成功，因为这是他们所必须要经历的。

在我国的射击界，有一位不得不提的名字，那就是王义夫。他在奥运赛场领奖台上上下下，向人们展示了什么是英雄。

1984 年的 7 月 29 日，王义夫和许海峰一起站在了领奖台上，共同见证中国奥运奖牌零的突破。只是那时，他比许海峰站得矮了一截，他是第三名。

1988 年，他第二次参加奥运会，成绩一般；1992 年在巴塞罗那，他用最后一枪创造了辉煌，获得了他个人在奥运会上的第一块金牌。

1996 年的亚特兰大，当所有人认为王义夫将获得他的第二块金牌时，他却因病猝然倒地，被送往医院紧急输氧，最终以 0.1 环的差距丢掉了这块金牌，那一幕也成了中国奥运史上悲怆的一幕，英雄落寞的背影长久地留在了世人心中。

2000 年，王义夫又来到了悉尼，复出后的他只获得了银牌。虽然包括他的预赛在内的大部分成绩都打得已经很好了，但很多人还是认为王义夫没有获得金牌，似乎就像一个失败者。

转眼间，到了 2004 年的雅典奥运会。8 月 14 日，王义夫又站在了射击场上，他成为了中国军团唯一的六朝元老，终于以一颗历练后极其淡定之心，凭借最后一枪获得了中国代表团在雅典奥运会上的第二块金牌。

2005 年 3 月，王义夫出任中国国家射击队总教练，同时兼任手枪队主教练。他说："我愿把我的经验传授给年轻的队员们，做一块基石，让他们登着我的肩膀迅速成长起来。"

没有人能够直接跨越低谷直达成功，身处低谷之时也不是永无跳出之日。如果把世界想象成平的，那么每一个低谷的背后其实就是另一座高峰。

对于成功道路上出现的低谷，与其咒骂、抱怨，不如脚踏实地，一点点从低谷跃出。当从黑暗的低谷走向地面的时候，也就是成功的时刻。要相信，低谷永远只是暂时的，它只是人们在前进道路上的一次磨炼和调整，是人生的一个小插曲而非主题曲。在低谷之中，只有那些坚持不放弃的人，才能在风雨过后看到彩虹。

4. 怀揣追求梦想的心

人活一口气，这种气其实就是支撑人们能够不断走下去的梦想。

在现实社会中，谈及梦想好像是一个非常遥远的事情。但是一个人可以被剥夺财富、剥夺健康，甚至剥夺自由，却永远无法被剥夺梦想。

梦想没有卑微高贵之分，农夫梦想着自己家的母鸡一天下两个蛋，国王则梦想着让周围的国家臣服。有梦想的人是可敬的，因为那是完全属于自己的财富。但是在实现梦想的过程中，周围的一切并不会十分如意，可能会面临着意想不到的挫折和困难。有人将这些不如意看作是对梦想的毁灭，而有人则会将这视为实现梦想的阶梯。

被现实打弯了腰不可怕，可怕的是那根支撑自己的脊梁已经折断。只有屡败屡战，斗志才会一次比一次更强大；愈战愈勇，信心就会一次比一次更坚定。

有梦想很容易，实现梦想却很不容易。纵观古今，那些能够梦想成真的人，无一不是在实现梦想的道路上走得十分艰难，但是他们最终都挺下来了。

很多人都看过电影《光荣之路》，这部电影讲述的是一名前女篮教练哈金斯到一所成绩很差的球队执教的故事。哈金斯是一个具有坚定意志的人，他决心在 NCAA 里面闯出名堂，而且他的思想非常开明，他并不以肤色区分天才，在他的篮球队里，需要的只是胜利。

在这一思想的指导下，哈金斯从现实中组织了一群非常有篮球天分的黑人学生作为自己球队的核心，开始了他艰苦的光荣之路。在最初的时候，这些球员不知道职业篮球和街头篮球的区别，而哈金斯总是用梦想激励着他们不断前行。

在经过系统的训练以后，教练哈金斯坚定的信心感染了球队里的每一个人，这支球队一路披荆斩棘，最终一路闯进了决赛，最后在马里兰大学著名的 Cole Field House 击败白人先发的肯塔基，获得了 1966 NCAA 篮球比赛总冠军。这场比赛不仅捍卫了黑人的尊严，更具有划时代的意义，因为它使得美国大学篮球正式进入了黑白共存的时代。

这并不是一个虚构的故事，而是在美国篮球史上的真实事件。这一事件从某种程度上可以说是重新定义了篮球这项运动。当然，推动这一切的就是梦想的力量。因为有梦想，教练才愿意接手一支上个赛季只取得寥寥数场胜利的球队；也正是因为有梦想，在街头打球的黑人愿意承受大量的训练和众人的白眼；还是因为有梦想，最终在决赛中，球队的运动员选择了服从教练指挥……

在梦想的照耀下，寂静的山谷里会有百合花的盛开，平凡的人生也会绽放出别样的光彩。在没有人给自己欢呼的时候，自己要懂得给自己加油；在没有人理解的时候，自己要做到坚持不放弃。

5. 困难面前不气馁

生活的强者会在困难中站立起来，站在新的高度开始新的拼搏。

在很小的时候，很多人都会记得这样的顺口溜："困难像弹簧，你强它就弱，你弱它就强。"事实上，最简单的真理往往就是最直白的。在祝福的语句中，人们总是习惯将所有美好的词汇往上堆积，但事实上这只能是一种美好的祝愿。生活上的困难和不如意就像空气一样自然，没有人能够脱离。

人在行走的时候，头部有两种姿态，抬头和低头。一般抬头的时候都是志高气满的时候，而低头则往往是遭遇挫折困难之际。其实大可不必这样，在遭遇困难的时候，每一个高傲的人依然可以昂首。有着辉煌人生经历的人与普通人的区别不仅在于他们能够高瞻远瞩、洞悉事物发展的规律，更在于他们拥有坚韧不拔的性格，能够克服前进道路上的挫折和困难，不在困难面前低头。

已经退休的菲尔德先生不甘寂寞，有一天他突发奇想，试图在大西洋的海底铺设一条能够连接到欧洲大陆的电缆。这种异想天开的举动让他的家人和朋友大吃一惊。如此浩大的工程，其他人或许都没有想过，而他要将这种事情变成一种现实。

面对周围人的质疑和嘲讽，菲尔德并不在意。他全身心地开始推动这项事业的发展。为了获得英国政府的支持，他使出了浑身解数。最终，他的方案在议会中以微弱的优势通过。但这只是他万里长征的第一步。

在铺设电缆的过程中，刚铺设到 5 英里的时候，电缆就被卷到机器里面弄断了。他首次的尝试以失败告终。

很快，菲尔德就开始了自己的第二次试验，在铺设到 200 英里的时候，电流突然中断了。为了保护船上人员的安全，菲尔德不得不命令割断电缆，放弃这次实验。很显然，他的第二次试验也以失败收场。

就这样，他前前后后总共进行了五次实验，但是结果都是失败。当第五次失败的消息传来的时候，已经没有人愿意和菲尔德合作了。因为看不到成功的希望，最后的投资人也选择了离开。万般无奈之下，这项工程不得不搁置，而且这一搁置就是一年。

在所有人都快忘记这件事的时候，菲尔德先生组建了一个新的公司，继续从事这项工作。他的公司制造出了一种新型电缆。这次铺设工作一气呵成，而且顺利接通，发出了第一份横跨大西洋的电报。

菲尔德先生铺设的海底电缆到现在仍然在使用，这是他做出的卓越贡献。这种事业的成功，对很多人来说都是可望而不可即的。在事后，很多人将菲尔德的成功归结于技术的改进、投资人的英明。事实上，促使他成功的最重要因素是他在困难面前的坚持。这种坚持能够产生出强大的精神力量，能够让所有的人在困难面前无所畏惧。

要想获取成功就必须要懂得拼搏，而拼搏的过程中难免会经受不可预知的失败和痛苦。人们之所以觉得伟人伟大，不仅是因为他们取得了常人难以企及的成就，更是因为他们在面对困难时的那份从容和淡定。生活中有一座座困难之山，要想取得成功，就必须不怕曲折坎坷，不惧路远山高，一路拼搏。

西汉时期，射箭穿石的将军李广之孙李陵长大成人。李陵此人谦和仁爱，并继承了李广英勇，能骑善射，有着万夫不当之勇。

汉武帝很喜欢他，当时，匈奴时常扰乱边疆，武帝就命李陵出兵征讨。李陵领命出征，不料却中了匈奴人诡计，兵败如山倒，在几经突围之后李陵选择了投降。

堂堂将军投降，这对武帝来说简直是奇耻大辱，满朝大臣纷纷上谏，认定李陵有罪。

司马迁与李陵是故交，深知李陵勇敢、善战、爱部下，所以当汉武帝问他意见时，司马迁很坦诚地说："李陵投降必有原因，说不定是一种计谋也未可知。现在朝廷中有许多人讲李陵的坏话，只是因为他平时不善于与人打交道，不会巴结，不会依傍。就算他是真投降，无论如何，他已杀了那么多匈奴士兵，对国家还是很有贡献的。"

汉武帝听到司马迁这样为李陵开脱，大发脾气，认为司马迁不但在为李陵讲情，更是在讽刺其他大臣，就立刻把他关入了牢房，并处以宫刑。

司马迁受到了这种奇耻大辱，本想一死了之，可他想起父亲司马谈的遗言，又想到史书还未完成，化悲痛为力量，站起身来说："死有重于泰山，有轻于鸿毛。自古以来，只有最不平凡的人，才能忍辱偷生，发愤著作，永垂不朽。"

在狱中，司马迁决定发愤著作，以便完成自己的毕生志愿。最终司马迁凭借着前期大量的积累和自己亲身的感受，写下了一百三十卷的《史记》。这是中国历史上最伟大的史书，也是后代正史的蓝本。司马迁为中国历史做出了不可磨灭的功绩，名垂青史。

如果从挫折的角度讲，司马迁的遭遇可谓是极大的不幸。但是这种不幸并没有成为他消沉的理由，反而成为了激发他不断前行的动力。按照中国古代文人的习惯，受此大辱之后最简单也是最常见的方式就是一死了之。但是司马迁并没有这么做，而是选择了在困难和不幸中抬头前行，选择了沉默和忍耐。正是他的这些行为，让中国文学史和历史上留下了《史记》这样光耀千古的传世名作。

选择低头和认输是一件很容易的事情，它似乎可以用最小的代价来保全自己。但是这真的是自己想要的人生吗？那些曾经最美好的追求，那些对未来最真挚的承诺，这所有的一切的实现看似很难，其实也很简单，那就是：不妥协、不放弃。

6. 低谷中往往埋藏着生机

身在低处并不可怕，可怕的是失去了从低处向高处攀爬的勇气。低谷并不是人生的末路，只要拥有一颗不断进取的心，努力做好眼前的事情，不断地积累，终会有从低谷走出来的那一天。

很多人渴望着能够一鸣惊人，试图一夜之间让自己的生活产生翻天覆地的变化。这种情况只要有一次先例，就会被后来者牢牢记住。但是，绝大多数对成功怀着极度渴望的人，却往往忽略了这样一个事实：人们只是看到了鲜花盛开时的美好，却往往忘记了它背后所历经的风雨。而这在我国有一句俗语："十年磨一剑。"

有人对这种行为嗤之以鼻。用十年磨一剑，这中间的时间太长了，完全是一种浪费青春和生命的行为。但是，心有未来的人知道，这十年正是自己积蓄力量的最好时间。人生能有几个十年，这句话从心浮气躁的人口中和坚定不移的人口中说出来完全是相反的意思。

在群雄逐鹿的三国时代，有太多的英雄人物。无论是文还是武，这都是一个群星闪耀的时代。但有意思的是，最终统一天下的是司马家族。而在司马家族最初的崛起中，最重要的人物就当属司马懿了。

司马懿是在曹操赤壁之败后投靠魏国的，这个时机选择得非常恰当，因为他恰好抓住了曹操大败后求贤若渴的机会。但曹操眼光独到，生性谨慎，看得出司马懿胸怀大志，就故意不近身委以重任，而叫他辅佐曹冲，想以此考验一下司马懿的忠心和能力。这时他没有选择离去，而是尽心尽力地留在曹冲身边。

在内部的宫廷斗争中，曹冲死于非命，曹操又命他另侍新主。但这时曹丕、曹植、曹彰等各自的前景未明，司马懿并没有选择将自己的未来寄托在某一个人身上。于是他继续选择了忍，为曹冲守灵三年。待曹丕前景明朗后，他才重出江湖，加以辅之。

在很长的一段时间，曹氏家族对司马懿进行了数次的打击，他的官位也忽上忽下，有的时候甚至有性命之危，但他凭借自身的智慧和坚韧挺了过来，最终奠定了司马家族在魏国的地位，夺得政权。

司马懿选择了忍，在低谷中不断积累力量，在低谷中发展自己。正所谓，不飞则已，一飞冲天；不鸣则已，一鸣惊人。

或许我们的天资有限，没有高贵的血统，更没有治国安邦的旷世才华，但是我们可以选择降低自己的姿态，在低谷中磨炼自己，等待着爆发的那一刻。

在日本有一位年轻的女孩，走上社会的第一份正式工作就是到东京帝国酒店当服务员。在还没有接触到具体的工作的时候，她就下定了决心要好好地干。但是，让她无论如何也没有想到的是，她的主管交给她的第一项任务就是洗马桶。

女孩一下子就懵了，她怎么也想不到，自己的第一份工作竟然是这样。在嗅觉上和体力上她还能勉强忍受，但是心理上的落差让她一时间无法忍受。最为要命的是，按照主管的要求，马桶的干净程度要达到光洁如新。

　　女孩没有想到洗马桶还有这样的要求，她开始怀疑自己的选择是否正确。正在她犹豫的时候，一个前辈走了过来，看出了她的疑惑。前辈没有说话，只是拿起了抹布，一遍一遍地清洗着马桶。洗完以后，前辈用杯子从马桶里舀了一杯水，然后一饮而尽。这个举动让女孩摆脱了困惑。最为重要的是，女孩明白了自己以后的道路该如何走好。

　　前辈的举动让女孩大受鼓舞，于是她痛下决心：即便洗一辈子马桶，也要做一名最出色的洗厕人。在这以后，女孩没有了抱怨和质疑，工作质量很快也达到了前辈的标准。最为重要的是，她迈出了人生的第一步以后，开始逐渐走向人生的巅峰。

　　对于身处低谷的人来说，要想走出低谷，首先要清楚为什么自己会跌到低谷，只有把这个问题弄清楚以后，低谷的价值才会显现出来。厚积薄发的道理人人都懂，而这种积累将是多方面的。唯有厚，才能在低谷中保护自己；也唯有薄，最后的能量才会闪耀出惊人的能量。

7. 身处暗处，才能看清光明

追悔过去，只能失掉现在；失掉现在，哪有未来！

人生的无常就在于，它不像施工图纸那样能够严格地按照事先的规划去建设，而是会遇到许多不愿意见到但是又无法躲避的低谷、失落和痛苦。面对悲哀、痛苦和低落，坚强乐观的人能够继续保持强大的进取心，而悲哀的人，就会无限地放大痛苦和磨难，从而垂头丧气，一蹶不振。

事物是不断向前发展的，人生的历程也就是一个不断超越自己的过程。过去无论是叱咤风云还是不堪回首，随着时间的流逝都将越走越远。沉溺于昨天的伤痛之中，只会给那双整装待发的双腿拴上沉重的枷锁，给不堪重负的肩膀增加一副重担。本来可以心情舒畅的新征程就会成为昨天失败的复制品，恶性的循环会更深程度地摧残我们的身心。每个人都不想让挫折和失败一直困扰着自己，那么，我们何必因为昨天的失去来干扰今天的心情呢？只有忘却过去的坎坷，所有的磨难才能拥有其本身所固有的价值，把绊脚石变成垫脚石，支撑起人生的高度。

陈安之是全球著名的励志大师。在他十几岁的时候，就漂洋过海，来到美国开始各种工作的尝试。但是，他经常遇到被老板炒鱿鱼的情形，可他并没有丧失应有的信心和梦想。每天早晨出门时，都要进行自我的考问："陈安之，难道你甘心做一个卖刀的业务员吗？"回答说："绝不！"

一次偶然的机会，陈安之遇到了他的老师安东尼·罗宾，在老师的教育指导下，他的人生从此发生了改变。

安东尼在1000多人的研讨会中讲述自己的奋斗过程：22岁的时候他还是一无所有的穷小子，后来了解了一种"神经语言"的课题，自己的命运得到了改变。仅仅一年的时间，他就拥有了豪华的汽车和直升飞机。

安东尼告诉他的学生，"这个世界上没有失败，只有暂时的停止成功。"、"过去不等于未来。"他的每一句话都给陈安之的心里注射了希望的兴奋剂。从此之后，陈安之多次参加研究课程，在1989年，他和70名优秀的成员竞争讲师的职务。

在上交履历之后的很长一段时间里，陈安之一直没有得到回音。于是，他就自己寻找机会来到了总经理的办公室。那位总经理的态度十分傲慢，见到陈安之就搪塞地说："你和别人一样，等明天上午的通知好吧？"陈安之并没有放弃，而是说："当我把履历递交到您手里的时候。我就下决心一定要得到这一份工作了，我相信自己完全能够胜任这份工作，为了减少您的麻烦，您还是现在就录取我吧！"

然而，总经理依然是摇头，坚持要陈安之等待明天的答复。陈安之就立刻询问他公司里最佳的销售业绩，保证自己能够成为最好的推广讲师，用雄厚强大的实力在总经理的面前推销着自己，最后终于征服了这位高高在上的总经理，爽快地答应让他来公司上班。短短几个月之后，陈安之毫无悬念地成为了公司最棒的销售人员，同时也实现了人生的梦想。

暗处的人或许周围是漆黑的，但正是因为在暗处，也就不用顾虑别人的关注，自己能够更加冷静地分析所处的环境和人生阶段，更加理智和清晰地看到光明，对自己的人生和事业有着十分重要的指导意义。因此，当我们处在人生的阴暗面时，没有理由去伤心和堕落，而应该庆幸上天赐给了我们一个绝佳的机会。

　　生活的历程不会是一马平川，难免会遇到绊脚石和拦路虎，往往在这些绊脚石和拦路虎的背后潜伏着巨大的机遇，只有智者的慧眼才能够寻找出它的存在。"福祸相依"是我们古老的哲学，辩证地看待困难又是我们上中学时常见的基本知识，在遇到困难的时候，难道我们连这种简单的道理也忘记了吗？

　　在现实生活中，有些人做了错事，事后醒悟过来时，常常自我埋怨，自我谴责，以至心情十分痛苦、内疚和懊恼。这种情绪活动就是人们通常所说的悔恨。其实，在漫长的人生道路上，人们都会因这样或那样的过失，带来某种悔恨的心情。对大多数人来说这种不良情绪很快就会消失，不至于影响身心健康，但也有少数人陷入悔恨的泥潭中不能自拔，甚至失去了走向未来生活的信心。因此，要学会控制这种情绪，不能让它妨碍我们的身心健康及对美好明天的追求。

　　中国台湾作家刘墉在他的一篇作品中说："我们可以转身，但是不必回头，即使有一天，发现自己错了，也应该转身，大步朝着对的方向走去，而不是一直回头埋怨自己错了。人生路，不回头。"用今天的眼光与标准来评判昨天的事物，就会发现其中的诸多问题，有些遗憾可能还有机会去补救，但还有许许多多的遗憾则永无机会去弥补了。如果把自己的心浸泡在后悔和遗憾的旧事中，痛苦必然会占据你的整个心灵。不要慨叹你所失去的，请珍惜你所拥有的，这值得我们用一生去谨记。

追悔过去，只能失掉现在；失掉现在，哪有未来！正如俗话所说："为误了头一班火车而懊悔不已的人，肯定还会错过下一班火车。"要想成为一个快乐成功的人，最重要的一点就是记得随手关上身后的门，学会将过去的错误、失误通通忘记，不要沉湎于懊恼、后悔之中，一直往前看。

痛苦与快乐，只要经历过，就是人生最大的财富，如果学会了去感谢曾经伤害过自己的人，你就已经学会了宽容，那么就没有什么可以阻挡你去寻找快乐的心情。如果你学不会宽容，就等于把快乐拒之门外，那么自己得到的也许只有痛苦、埋怨和报复的心理。人不必拿自己的错误折磨别人，更不要拿别人的错误折磨自己。仇恨只会加快自己的衰老，却不会把自己变得有修养，更不会获得快乐。

8. 让苦难成为人生道路的垫脚石

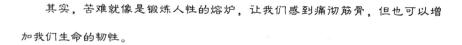

其实，苦难就像是锻炼人性的熔炉，让我们感到痛彻筋骨，但也可以增加我们生命的韧性。

每个人的人生中都充满了大大小小的苦难。人是从苦难中成长起来的。唯有把苦难当成垫脚石，而不是绊脚石，才能从苦难中重新站起来，才能持续不懈地乐观奋斗，最终得到人生中最珍贵的财富。

有个女孩自打很小的时候，就有了一个人生梦想：她想要做一名出色的滑雪运动员。然而，造化弄人，她不幸地患上了骨癌。为了保住她的生命，父母被迫同意锯掉她的右脚。后来，癌细胞蔓延，她又不得不先后失去了乳房及子宫。

接二连三的厄运不断地降临到这个女孩的头上，但苦难却从来没有使她放弃心中的梦想。她始终不断地告诫自己："一个人应该对自己负责，谁若轻言放弃，谁就不能成功。我要向逆境挑战。"

这个女孩没有被病魔打倒，相反，为了实现心中的梦想，她以更加顽强的斗志和坚韧的毅力排除万难，坚持训练。最终，她还是成为一位滑雪运动员，并且还为她的国家创下多项世界纪录。1988 年，她获得了冬奥会的冠军，并在美国滑雪锦标赛中一举赢得 29 枚金牌。不仅如此，她还更进一步成为攀登险峰的高手。这个女孩就是极具传奇色彩的著名滑雪运动员——戴安娜·高登。

人生路上，会有顺境，但更多的是逆境。对于不同的人来说，顺境逆境的意义大为不同。对某些人来说，逆境是学校，厄运是老师，苦难是一块跨过去便能鱼跃龙门的垫脚石。逆境能激发一个人的斗志，把个人蕴藏的潜力尽情地释放，从而把逆境演变成一个帮助个人奋发进取的舞台。古语说得好，"自古英雄多磨难，从来纨绔少伟男"。没有经历过逆境的人，很难成就一番伟业。

并非每一个身处逆境的人都能像戴安娜·高登那样顽强，很多人会被苦难打倒，而不是将其作为通向成功的垫脚石。正如伟大作家巴尔扎克所说：

"世界上的事情永远没有绝对的，结果完全因人而异。"苦难对于强者是一块垫脚石，甚至是一笔财富，但对弱者则往往是一块绊脚石。今天我们要面对的问题就是，如何正确看待苦难？一旦我们将心态摆好，以正确合理的姿态来处理，就会有不一样的结果。

我们无法改变昨天，但今天的态度将会影响明天，也将决定我们的人生轨迹。苦难即便让我们的昨天千疮百孔，但只要我们认真对待苦难，在黑暗的尽头，我们就必将看见光明。

洪战辉是河南省周口市东下镇洪庄村人。12 岁那年，洪战辉小学毕业，这一年洪战辉的家庭生活发生了一些改变：一天，患有间歇性精神病的父亲出人意料地带回家一个弃婴。

家里太穷，他们自己的生活都很困难，所以根本负担不起哺育女婴的花费。忧虑的母亲让洪战辉把女婴送人，但出于不忍心，他犹豫再三还是把女婴留下了，并给这个小女孩起名叫洪趁趁，小名"小不点"。

由于父亲患病，洪战辉一家的生活重担全部压在目不识丁的母亲身上。母亲平日辛勤劳作，早出晚归，但还经常遭受到父亲无缘无故的毒打。

1995 年秋季的一天，可怜的母亲忍受不了家庭的重担、丈夫的拳头的双重压力，最终选择了逃离。

母亲走了，父亲是病人，刚满 1 岁的"小不点"怎样才能带大？久久沉思之后，洪战辉告诉自己：既然一切已无法改变，那就自己毅然承担吧。

那时候家里没有固定收入来源，很是穷困。为了买奶粉，洪战辉从小学时就开始做小买卖。他在附近的集市上摆摊，冬天卖鸡蛋，夏天卖冰棍。当生意不顺利，家里实在没钱的时候，他就带着妹妹到有小孩的人家找口奶吃。

为了让妹妹健康成长，他不时琢磨着给"小不点"补充营养。既然没钱，那就想办法。最多的办法是上树掏鸟蛋，然后给妹妹做蛋汤。为此，他不止一次从树上摔下来。

从高中起，洪战辉就开始带着妹妹上学。除去用假期里打工所挣的钱交了学费，他还利用课余时间在校园里卖起学习书籍。但苦难仍然没有结束，就在刚开始读高二时，他父亲的病情恶化，必须住院治疗。迫不得已，洪战辉不得不休学，专心挣钱为父亲治病。

尽管如此，洪战辉仍然没有放弃求学的念头。在打工的同时，他坚持学习，2003年7月，洪战辉考取了湖南怀化学院。课余时间，为了多赚一点钱，他开始想方设法打工。他在校园里卖过电话卡，为怀化电视台的一些节目组拉过广告，还为一家电子经销商做校园销售代理。他这样做的目的，就是想一边挣钱一边带着失学在家的妹妹一起上学。

洪战辉携妹求学12载的故事偶然被媒体获悉，并很快成为新闻热点。他的故事经全国多家媒体报道后，在很短的时间内就成为社会关注的焦点，不断有人表示愿意向他捐款，以便帮助他抚养妹妹。然而，令人意想不到的是，生活仍然不宽裕的洪战辉在某媒体上发表公开信，拒绝了这些好心人。在这封信中，他向关心自己与妹妹的人表示感谢，但明确提出他不需要任何社会捐款。"因为我觉得一个人自立、自强才是最重要的。苦难和痛苦的经历并不是我接受一切捐助的资本。我现在已经具备生存和发展的能力。这个社会上还有很多处于艰难中而又无力挣扎的人们，他们才是需要帮助的。"

面对铺天盖地轮番到来的苦难，洪战辉自始至终不放弃追求心中的梦想。他不屈服于现实的苦难，即便饱受着肉体上的折磨，忍受着精神上的重压，他也始终保持了心灵的平静，始终保持着自尊、自重的精神气质，这正是一个自强、自爱的人面对苦难该有的人生态度。

苦难中能够保持镇静已经是常人很难达到的一种人生境界，直面苦难自然更加难以做到。不怨天尤人，不牢骚满腹，而是能够将苦难看作生命中的一种磨砺，视作进步的动力，那无疑需要很大的勇气。然而，一旦我们超越了苦难，就能够轻松地战胜苦难，所获取的必定是难以估量的价值，是重新微笑的崭新机会。

人的一生难免会遭受一些苦难。对所有人来说，无论是与生俱来的身体残缺，还是惨遭生活的偶然不幸，只要我们敢于面对，能够自强不息，就一定会赢得掌声，并在持续努力下赢得成功，赢得幸福。当我们终于来到幸福的面前，才会理解曾经的苦难成了我们人生发展的垫脚石，垫起我们人生的新高度。

温室的花朵固然看起来绚烂可爱，但永远经不起风吹雨打，而饱受寒风摧残的苍松看起来平淡无奇，但却可以一直屹立在严冬里。最宝贵的财富往往在苦难过后才能得到，而只有这样的财富才最值得人珍惜。正如孟子所言："天将降大任于斯人也，必先苦其心志，劳其筋骨，饿其体肤。"一个永远生活在安逸环境里的人，没有体验过自我超越的感觉，很难铸就坚强的精神，也就必然很难在一个充满竞争的社会中出类拔萃，从此脱颖而出。

作家罗曼·罗兰曾经说过："痛苦像一把犁，它一面犁碎了你的心，一面掘开了生命的起点。"如果你嫌弃生活平庸，要想成为一个有所作为的人，那么你必须有永不绝望的信念，即便面对风雨和痛苦，也能够不畏惧、不退缩。人只有在挫折中才能学习更多，在苦难中才能成长更快。让我们记住这句话：雄鹰之所以能够展翅高飞，离不开雏鹰最初的跌跌撞撞。

在漫长的人生旅途中，如果恰好遭遇苦难，那你不应该为此感到畏惧，须知苦难并不可怕。即便事业受到挫折也不应一味忧伤，只要守住理想，只要心中的信念没有萎缩，我们的人生就不会夭折，我们的幸福就会回来。

我们应该记住，苦难确实是我们人生道路上的绊脚石，但它同时也是一份宝贵的财富。这份财富可以让你重新审视平庸的人生，可以让你正确地看待风雨人生。当你汲取教训，并且重新强化了自己的目标之后，那苦难就会成为人生道路上的垫脚石，会帮助你尽快到达成功的彼岸。

9. 得意时淡然，失意时坦然

坦然，是沮丧袭来时我们为了更进一步而做出的自我调整；坦然，其实就是平淡中生发出来的一份自信。坦然面对生活，就是一种积极的人生态度。

在人生的道路上，必然既有阳光也有风雨。可能有人是含着金汤匙出生的，但没有任何一个人一生都走在无风无雨的道路上。一个人要想赢得人生，只有坦然接受、面对人生中的失败与挫折，并学会克服。当我们不再诅咒那些不能改变的事实之后，我们就能节省精力，去开拓更广阔的空间，去创造出一个更为丰富的人生。

对于同样一件事情，聪明人和普通人的态度往往是完全不同的。聪明人的所谓聪明之处在于他们面对生活的态度和热情，而这也正是他们获得大家认可的关键因素。当所有人都认可你的时候，你的事业自然风调雨顺。没有人会将关键机会交给连自己都不信任的人。人的生命意义因为每个人的观念而不同，而生命只会拥有我们赋予它的那种意义，与此同时，每个人都是自己命运的设计师。

德国伟大的文学家歌德说过："人生的价值及其快乐，在于一个人有能力看重自己的生存。"生命的意义在于，人类通过自己的力量可以使自己和他人的生命变得自由和幸福。如果这种努力做得越多，成功的机会就越大。法国哲学家萨特也说，人类存在的意义，就在于证明自己的价值。而要证明自己的价值，就必须学会正确对待世界，我们需要坦然面对一些事情，然后努力去改变。

英国科学家霍金可谓世界上最知名的天体物理学家了，而他的人生也是最能体现"风雨过后见彩虹"的人生。霍金的生平非常富有传奇色彩，在科学成就上，他是有史以来最杰出的科学家之一，甚至被学界和媒体誉为继爱因斯坦之后最杰出的理论物理学家。他是英国皇家学会会员，还拥有好几个荣誉学位。虽然成就如此辉煌，但与其巨人般的学术成就相比，其身体却非常不好。因患卢伽雷氏症，他被禁锢在一张轮椅上达二十年之久，手不能写，口不能言。虽然如此，霍金仍然想方设法延续自己的学术生命，最终超越了相对论、量子力学、大爆炸等理论而迈入创造宇宙的"几何之舞"。尽管他的身体那么无助地坐在轮椅上，他的头脑却出色地遨游到广袤的时空，为我们解开了更多宇宙之谜。

1991 年 3 月，霍金坐着轮椅回自己的公寓，在过马路时不慎被一辆汽车撞倒，造成左臂骨折，头也被划破而缝了 13 针。但仅仅 48 个小时后，他又回到办公室投入了工作。1985 年，霍金在医生的建议下动了一次穿气管手术，从此完全失去了说话的能力。然而，就是在这样的情况下，他还是靠着顽强的毅力写出了著名的《时间简史》。

不论从哪一方面来说，霍金都是令人不得不佩服的表率。他坦然面对人生的苦难，克服了残疾之患，并且一举成为国际物理界的超新星，这种艰辛而卓越的历程令人不由肃然起敬。伟大的俄国作家陀思妥耶夫斯基有一句话十分令人震撼，用来描述霍金或许非常合适："我只担心一件事，我怕我配不上自己所受的苦难。"霍金配得上他所受的任何苦难，因为每一次苦难的袭来都让他为人类做出更大的贡献。

面对苦难，我们既不能视而不见，也不能退避三舍。如果事情已经发生，我们别无选择，那么就应该坦然面对。茫茫人生路，永远不会像你暗自想象的那样一帆风顺。很多时候，你需要经过大浪的洗礼，才能到达海的彼岸；也许，你还需要经受夏日般炙热的照射，才能迎来丰收的秋季；甚至，你不得不经受冬季刺骨冰冷寒风的冲刷，才能迎来春暖花开；最糟糕的情况是，你也许要经受大漠荒凉干涸的折磨，最终才会迎来绵绵细雨的润泽。然而不管怎样，唯有放弃抱怨，泰然处之，沉着应对，你才能得到意外的收获。如果一开始便手忙脚乱，那么你可能永远也见不到幸福的愿景。

第十章
慢慢等待，拥有梦想终会春暖花开

流年似水，韶华易逝，人生需要拼搏，同时也需要慢慢等待。这种等待，其实就是在等一个时机。当有梦的岁月越来越远，学会用静心的状态来接近一切美好的事物。做真实的自己，守住内心的真淳，听从内心深处的召唤。

1. 心如止水，培育幸福的土壤

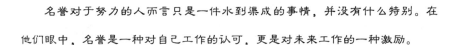

名誉对于努力的人而言只是一件水到渠成的事情，并没有什么特别。在他们眼中，名誉是一种对自己工作的认可，更是对未来工作的一种激励。

成名究竟是一件好事还是一件坏事？每个人心里都有着不同的答案。但是有一点可以确信，那就是成名之后的生活将会面临着更大的压力，因为任何一项名誉既可以看作是夺目的光环，也可以看作是缠绕在身上的紧箍咒。

被誉为"杂交水稻之父"的袁隆平自己的科研事业不仅解决了中国人的

吃饭问题，而且为世界性的饥饿问题做出了突出贡献。杂交水稻是世界性的难题，因为水稻是雌雄同花的作物，自花授粉，难以一朵一朵地去掉雄花搞杂交。这就需要培育出一个雄花不育的稻株，即雄性不育系，然后才能与其他品种杂交。袁隆平知难而进，他认为，雄性不育系的原始亲本是一株自然突变的雄性不育株，也能天然存在。经过千辛万苦，他终于发现了一株雄性不育植株。1974 年袁隆平配制种子成功，1975 年大面积制种成功，1976 年定点示范 208 万亩，在全国范围开始应用于生产，到 1988 年全国种植杂交水稻面积达 1.94 亿亩，占水稻面积的 39.6%，而总产量占 18.5%。

已经获得了巨大声望的袁隆平并没有选择躺在人们给予的功劳簿上，他知道自己还有很长的路要走。如今的袁隆平依然奋斗在科研一线，为能够实现水稻的更高亩产而劳作不息。他对周围的人说："我年纪已经大了，趁着还能干就继续奋斗几年吧，真怕一旦歇下来就不能再干了。"

名誉是一把双刃剑，对于那些一心追逐自己名誉的人而言，当得到名誉的那一瞬间可能会有两种选择。紧紧握住已得的名誉不放，或者将名誉放在一边，继续从事自己的工作。对待名誉的不同态度最终能产生很大的分歧。如果将名誉比作一个节点的话，那对待名誉的不同态度就是同一个节点下细分出来的两条截然不同的道路。

在名誉面前，是选择让鲜花和掌声埋没自己的斗志，在荣誉里安享荣誉，还是将荣誉看作已经过去的事情，埋头希望做得更好呢？

一些人取得名誉后，剩余生活的全部时间都用来维护自己的名誉，但是这种维护一旦超出了自己所能承受的极限，那将会给个人带来灭顶之灾。

不是每一粒种子都能发芽，也不是每一次的努力奋斗都能换得人们的认可。荣誉只是人们通往成功、完善自我路上的附属品。在追求成功的路上，有过高的荣誉，也有迟到的荣誉，甚至有很多默默无闻，最终被人遗忘的人群。

与其说获得荣誉是一种尊重，倒不如说是一种激励。说到底，荣誉只是证明以前，并不能指导以后。对荣誉怀有感恩的心，将荣誉当作一种鼓励的人往往能够做出更好的成绩，这将是一个极好的良性循环。

2. 当财富的主人，不做金钱的奴隶

金钱在我们的日常生活中扮演着极为重要的角色，但是从本质上来讲，它只是我们日常生活中的一种工具而已，并不是人生中绝对的保护伞和幸福的来源。

在日常生活中，金钱的作用无处不在。人们的衣食住行都离不开金钱的力量。如果没有足够的金钱，且不论有多高的其他追求，就连最基本的温饱都会有问题。但是，一个人是否幸福，不是看他占有多少金钱，而是看如何使用金钱和看待金钱。一个人的脑子里不能只想着金钱，但是必须要有金钱的概念。金钱并不是坏东西，它是人类社会发展到一定阶段的必然产物，也成了衡量很多具体事物价值的一个标准。

但是，如果一个人将金钱看得过重的话，那么势必会让自己失去很多东

西，这包括信任、爱情甚至亲情。因为一个人一旦财富的欲望太盛，就会造成灵魂的变质。而在那种情况下，人不仅会丧失最基本的快乐，还会徒增无限的苦闷和烦恼。

有一个叫富勒的美国人，他从零开始，经过努力奋斗，积累了大量的财富，30 岁时就已经成了一个百万富翁。可是他没有感到满足，而是雄心勃勃地向千万富翁挺进。

他工作非常辛苦，以至于他很少有时间陪家人。慢慢地妻子和两个孩子被他疏远了。而且在工作的时候，他还经常会感到胸闷。

一天在公司里，富勒接到了妻子的"离婚协议书"，眼前一黑，心脏病突发。在医院里，他不断地反省着，终于认识到自己对财富的追求已经有点过头了，以至于失去了自己最珍贵的东西。经过反复地考虑，他作出了一个大胆的决定。

他打电话给妻子，把这个决定告诉了妻子：把自己的生意和物质财富全部都给处理掉。接着，他们卖掉了公司、房子、游艇，然后把这些钱全捐给了教堂、学校和慈善机构。朋友们都认为富勒疯了，但他感到非常清醒。

紧接着他和妻子又投入到"人类家园"的事业中来，这是一桩伟大的事业，因为他们要为那些无家可归的贫民们修建居所。他们的想法是：让每个困乏的人在晚上有一个简单而体面、自己能支付得起费用的地方用来休息。

从把拥有 1000 万美元家产作为奋斗目标，到为 1000 万人建造家园，富勒感到无比的幸福。现在，他们已经在全世界建造了六万多套房子。富勒找到了自己的价值，并和妻子、孩子过着幸福的生活。

富勒一时间为财富所迷，差一点就成为了金钱的奴隶。当财富的欲望不断扩张的时候，曾经给他带来成就感和幸福感的财富开始剥夺他的妻子和健康。在他明白了财富的真正含义之后，他从财富的奴隶变成了财富的主人。在转变了对财富的态度以后，他实现了心灵上的放松，也有了幸福美好的生活。正如托尔斯泰所言："财富就像粪尿一样，堆积时会发出臭味，散布时可使土地变得肥沃。"我们要正确地看待金钱，让它为我们所用，而不要成为痛苦的守财奴。

　　财富像一个巨大的机器，它能够产生强大的效能，也能够产生巨大的破坏力。如果将财富用在有意义的事情上，那么财富就会为人所用，拥有财富的人也会从内心深处感到高兴和快乐。如果成为一名执着于财富数量的守财奴，把钱看作和生命一样重要，那么生活中的快乐就会离他远去。我们可以留意于物，但不能流连于物，更不能为物所役。

　　判断一个人是否已经沦为金钱的奴隶，不单要看他有没有钱，关键的是看他对待金钱是怎么样的态度。

　　要始终相信，金钱是生活中非常重要的一部分，但不是全部。在人们的生活中，还有很多比金钱更为重要的东西，比如健康、亲情和爱情，等等。生活的目的不是为了赚钱，千万不要让赚钱将自己的时间全部占据。一旦你被金钱俘虏，绝不会过得幸福。

3. 不要背叛你的灵魂

"不要试图去做二流的别人，只需做好一流的自己。"这是一位著名导演对新演员所说的话，同时也值得所有的人深思。

有一个口号：让生活慢下来。事实上，想要达到这样的目的本身就不是一件容易的事情。在快节奏的生活中，如果还选择一种不合时宜的慢，那就会对自己的实际生活造成一定的混乱。这就要求我们在顺应历史的大潮中，要坚守住自己的本心。

一个人的本心是什么？其实说白了就是自己内心深处的价值观。这种价值观就像衡量自己的一把标尺，时刻指导着自己应该守住哪些底线。这种底线和标准是个人的标签，同时也是赢得最后胜利的砝码。

有一位国王在刚刚登基的时候，外族经常骚扰边境，民怨很大。于是国王就和大臣们商讨解决问题的办法，最终决定使用武力来镇压。

国王在全国范围内发动所有能发动的力量。为了能够找到能力出众的人，国王宣布只要有过人才能的人愿意为国效力，国王会在凯旋的时候重重有赏。没过多久，就来了三个人，第一个人善于骑术，第二个人善于射术，第三个人则长于谋略。国王对他们的才能非常欣赏，让他们随同军队一起到了边疆。

在战场上，这三个年轻人充分发挥了他们的才能，屡立奇功。不出一个月，边疆的问题得到彻底解决。在大军回到国内的时候，国王要对在战争中立有战功的人进行奖赏。国王对三个年轻人说："你们为国家做出了这么大的贡献，想要什么就尽管说吧。"

第一个年轻人说："我要做大将军，统率军队！"

第二个年轻人说："我要做丞相，治理国家！"

轮到第三个年轻人了，他却说："我的梦想就是有一片自己的牧场，请求您赐予我一群牛羊和一块牧场吧。"

第三个人的回答让所有人都十分诧异，这个从战场上下来的年轻人真的只愿意做一名牧羊人吗？国王没有食言，分别满足了这三个年轻人的欲望。

没过几年，当第三个牧羊人正在牧场上欢快地唱着歌、悠闲地牧着羊的时候，曾经的将军和宰相因为企图谋反而被斩首。

不可否认，这三个年轻人确实才华横溢，但是在身份转换中，有人忘记了自己应该坚守的底线，没能守住自己的本心，最终丧失了自己的性命。

在不断变化的过程中，守住自己的本心并不是一件轻松的事情。这需要一种强大的自我约束力，也需要对内心进行有效的调节。

一个人在市场上出售鸡蛋，为了能够让行人看得更加清楚，他在一张纸上写着："新鲜鸡蛋在此出售。"没过多久，鸡蛋摊位前来了一个人，看着他写下的牌子对他说："我说这位老兄，何必加'新鲜'两个字呢，难道你想说卖的鸡蛋不新鲜？"他想一想，觉得这个人说得真有道理，于是就把"新鲜"两个字从纸板上涂掉了。

第一个人刚走，又来了一个人对他说："我说为什么要加'在此'两个字呢？你不在这里卖，还会在哪儿卖？"他同样觉得这个人有道理，便把"在此"涂掉了。

　　一会儿，一个老太太过来，对他说："'销售'二字也是多余的，这些鸡蛋不是卖的，难道会是白送吗？"于是，他把"销售"也擦掉了。

　　临近中午的时候，又来了一个人，看着卖鸡蛋的人说："你真是多此一举，大家一看你面前的鸡蛋就知道你是一个卖鸡蛋的，何必费劲写上'鸡蛋'两个字呢？"事情的结果是，卖鸡蛋的人把所有的字都涂掉了。

　　很多时候，我们都面临着与卖鸡蛋的人相同的处境，当自己的内心受到各种干扰的时候，能不能守住最初的自己将是对每个人的重大考验。

　　一个人的意见只能代表一种观点而已，千万不要因为想要去迎合别人而丧失了原本的自己。当生活打磨每个人的时候，一定要记清楚自己最初的样子。没有守住本心的人就像是电灯泡，即便自己的外表再光滑、再完美，如果灯泡中间的钨丝断了，那它也不能再发出任何的光芒。

4. 留一片心灵净土

人世间什么最难得，其实就是一份真心。人们常说最难读懂的是人心，其实最容易交注的也是人心。只要能够用一份真心去对待这个世界，那么人们收获到的也将是大片的温暖和爱意。

无论是待人还是对事，虚情假意的人总是不讨人喜欢的，因为人们会觉得没有安全感。而越是真心的人，越是可爱可敬。只要我们能够坚守住自己的一份真心和善良，那将会变得无比强大。

在一个郊区的农贸市场里，有一位中年妇女的生意特别好，因此，相邻的摊主都特别忌妒她。大家便联合起来想把她赶走，常常有意无意地将成堆的垃圾扫到她的摊位周围。

原本以为中年妇女会十分生气，但是没料到，她竟然什么都没说，每次都只是微笑着把摊位周围的垃圾扫到摊位底下，然后在收摊的时候再将它们清理到垃圾场。

她身边有些人看不惯了，便问她："你怎么这么傻?他们这是明摆着在欺负你，你应该到市场管理处去告他们!"

中年妇女微笑着说："在我们老家那儿啊，大家每天都喜欢把垃圾堆在门后边，堆得越多代表赚的钱越多，然后到晚上才把垃圾清理出去。现在每天早上都有人源源不断地把'钱'送到我这里来，我怎么舍得拒绝呢?何况，你看我的生意不是越来越好了吗?"

相邻的摊主听见了，都不好意思地低下了头，从这以后再也不往中年妇女的摊位周围堆垃圾了。

人们不会对一直微笑的人生气，也不会对付出真心的人视而不见。守住自己的底线，其实就是守住自己的真心。

著名作家泰戈尔曾经写过这样一个故事。

有一位画家，他总是守在集市上，等待着有人来买他的作品。他的作品拥有很高的水平，每天都有很多人在集市上围观。有一天，来了一个孩子，他是当朝权臣的儿子。而那个权臣恰恰在年轻的时候欺骗过画家的父亲，最终让画家的父亲含恨而亡。画家想到了一个绝好的报复方式，他画了一张精美绝伦的画，这张画立刻吸引住了孩子的眼光。当孩子要购买那幅画的时候，画家却用一块布将画盖了起来，声称这幅画不卖。

权臣的孩子回到家里以后，对那幅作品念念不忘，甚至思久成疾。孩子的父亲也就是权臣只好亲自出面，表示愿意高价买画家的画。可是，画家宁愿把那幅画毁掉，也不愿出卖。他对前来买画的权臣说："这就是我的报复。"

这位画家有一个习惯，那就是每天的早晨他都要画上一幅他信奉的神像，以此来表达自己的信仰。可是过了一段时间以后，画家突然发现一个奇异的现象，那就是他发现自己画的神像越来越不像以前的样子了。直到有一天，他突然发现自己刚画好的神像竟然是自己准备报复的权臣的样子。于是，他终于明白，当初自己给他人的报复已经回到了他自己的身上。

当一个人丧失了当初他引以为荣的真心，那么他将成为自己无法控制的恶魔。真心是如此的珍贵，以至于我们感叹真心难寻。事实上，在我们的内心深处，真心一直存在，只是我们不愿意将它发掘出来，不愿意将它与别人分享。

人的本心原本是清澈平和的，恰如一杯清水。而真心就是无色透明的玻璃盖子，如果丧失了真心，虽然看样子一时并没有多大影响，但时间久了以后，杯子里的水还是会被污染的。

真心是易碎的，因为珍贵的东西都是脆弱的。但是真心有着强大的自我修复能力，这就取决于一个人能否在繁华俗世中坚守住自己的真心。

5. 用简单的心去享受生活

用简单的方法处理日常中的事务，不仅可以收获到事半功倍的效果，还能够将自己的生活变得清晰。

成年人总会羡慕孩子的生活，这并不是因为孩子的物质生活有多么的丰富多彩，而是他们的人生在大人眼里就像一张白纸那样简单。刚走出校门的年轻人总是一脸的迷茫，因为总是有人在告诉他们外面的生活是多么的艰难。相反，历经风霜的老年人一般都显得非常的安详和冷静，这是因为在漫长的人生旅途中，他们已经领悟到了生活最深沉的味道其实就是简单。

生活中拥有简单的态度，就能够从简简单单的日子中咀嚼出生活的原汁原味。当然，简单不是简陋，平凡也不是平庸。简单是在周围喧嚣中保持一份空灵，不去随波逐流凑热闹。如果要描述一种极佳的生活状态，简单或许是最准确的词汇。因为这样可以使心灵有一种净化感，灵魂有一种安详感，同时也让自己的身心有一种健康感。

在美国有一位名叫艾琳·詹姆丝的专家，她因为倡导简单生活而成名。在起初的时候，她是一名作家和投资人，同时她还为一个地产机构做投资顾问。有了这么多的头衔，艾琳生活得异常辛苦，她每天都要在不同角色之间进行转换，有时候真是分身乏术。

就在这样的日子里，她一直按部就班地生活着，虽然有时候觉得很累，但是她并没有想到其他更好的办法。直到有一天，她像往常一样在写字桌前努力地工作，但是这天的任务特别的繁重，密密麻麻的日程安排压得她有点喘不过气来。就在这一瞬间，她认识到自己的生活已经变得太过复杂了，每天用那么多乱七八糟的东西来塞满自己的生活，这种举动太疯狂了。就在这时，她作出了一个决定——开始过简单的生活。

于是，她列出了一个清单，开始把那些没用的事情一项项删除，取消了绝大部分的预约电话，停止预订那些从未看过一眼的杂志，注销了部分没用的信用卡……这样一来，她的生活变得非常简单，虽然实际的收入可能有所降低，但是她的工作效率却大大提升了。最重要的是，开心的笑容开始在她的脸上出现。

在后来的一次采访中，艾琳说："我们的生活已经变得太复杂了。在我们这个世界的历史进程中，从来没有像今天这个时代拥有如此多的东西。这些年来，我们一直被诱导着，误认为自己能够拥有所有的东西，使得自己对尝试新产品都感到厌倦。许多人认为，这些东西让他们沉溺其中，使他们失去了创造力。"

如今的社会，无论是人际关系还是社会结构，都在逐渐趋向于复杂化。当用一种简化的方式来处理这些问题的时候，结果就是"是"抑或"不是"两种答案。

在著名小说《堂·吉诃德》里面，出现过这样一个有趣的片段，桑丘问表弟："谁是这个世界上第一个会翻跟头的?"表弟回答说:"这个问题我现在回答不上来,等我一会儿回书房翻翻书,到下次见面的时候,再把答案告诉你吧!"桑丘过了一会儿对他说:"刚刚说的这个问题,我已经想到答案了。其实世界上第一个会翻跟斗的是魔鬼,因为他从天上摔下来,就一直翻着跟斗,跌到了地狱。"

桑丘的回答有些可笑,但是却不能否认桑丘的答案包含着一种非常朴素的智慧。正是这样的简单智慧让他生活得很快乐。有些人煞费苦心进行各种各样的考证,结果往往是毫无所获,而有些人只是简简单单地一想,往往却能够把事情给想通了。

在海边,有一个渔夫每天出海捕鱼,但是他从来就不图多,每天打的鱼恰好够自己的生活就返回岸边。在回到岸边后,他会躺在岸边吹海风,晒太阳,偶尔还会哼起小曲,一副悠然的样子。

一天,从远处来了一个商人,上前对渔夫说:"你怎么不出海打鱼呢?""我为什么还要出海呢?我今天打到的鱼已经完全够自己今天吃的呀。"渔夫不解地问。此时的商人显示出一副运筹帷幄的样子说道:"你应该趁着今天的天气好多出几次海,多打一些鱼,这样一来就可以把剩余的卖掉,你就会有一笔存款。当存款多了的时候,你就可以去买一艘巨大的渔船,然后再开着船去打更多的鱼……"

"然后呢?"渔夫问商人。

"然后,然后你就可以赚很多很多的钱,不用再下海打鱼了,每天都可以到海边来吹海风、唱歌……"

"那我现在做的不正是你刚才所说的那些吗?"渔夫反问道,"如果按照你刚才说的那样去做,或许有一天我会赚到足够多的钱,不过恐怕到那个时候，我已经没有时间来做现在的事情了！”

世界是否复杂，其决定性因素往往不是事物原本的样子，而是一个人以
什么样的心境去看待。简单，是一种大智若愚的生活智慧，更是一种面向成
功的行为方式。

6. 人生因梦想而伟大

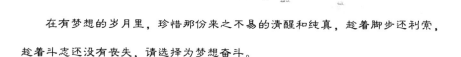

在有梦想的岁月里，珍惜那份来之不易的清醒和纯真，趁着脚步还利索，
趁着斗志还没有丧失，请选择为梦想奋斗。

梦想之于人生就像灯塔之于航船，没有灯塔的指导，航船很难在黑夜里
顺利进入港口，而没有梦想的青春同样很难说是完美的人生。有梦的岁月里，
生活总是很美好。因为有梦的人永远不会孤单，在无人理解的时候，梦想其
实就是自己最好的伴侣。

有人说，梦想是虚幻的，因为很多时候梦想就是眼睛可以看见，但是嘴
巴却吃不到的一张大饼。事实上，梦想更像是时时抽打着我们，提醒我们不
断向前的鞭子。人们之所以会赞美梦想，其中一个非常重要的原因就是梦想
会带领人们走向前方。

莫德克·布朗是美国棒球界最伟大的投手之一，而他一生的经历则可以完美诠释梦想对于一个人的成功是多么的重要。

在很小的时候，莫德克·布朗就立志成为棒球联盟的一名投手，但是他在实现梦想的道路上不得不历经更多的磨炼。在他还没有成为职业运动员的时候，他曾在一家农场里做工，右手不慎被机械夹住，最终导致中指严重受伤，食指也残缺不全。对于一名投手来说，失去手指意味着职业生涯还没有开始就已经结束了。要想成为一名出色的投手，如果在受伤之前还可以通过自己的努力来提高自己，在右手致残以后，这个梦想就变得遥不可及了。

但是莫德克·布朗并没有放弃梦想，他没有选择抱怨，而是从心底接受了这个不幸的事实，然后尽自己最大的努力学习如何用残缺的手指来投球。

后来，他有机会成为地方球队的三垒手。有一次，当莫德克从三垒传球到一垒时，教练刚好站在一垒的正后方。当教练看到莫德克传出来的球，快速旋转画出完美的曲线，落入一垒手的手套里时，不禁惊叹道："莫德克，你是天才的投手，你的控球能力实在太出色了，投出的高速旋转球，任何打击者都会挥棒落空的。"

的确如此，莫德克投出的球，球速之快，角度之刁钻，往往令打击者束手无策。就这样，莫德克将打击者一个个三振出局。他的三振纪录和胜投次数高得惊人，不久便成为美国棒球界的最佳投手之一。

事实上，正是因为他受伤而变短的食指和扭曲的中指使球的旋转产生了与众不同的角度和力道。莫德克的成功在很大程度上源于对梦想的坚持和等待。他坚持不懈地训练，他也在等待着一个梦想花开的机会。

拥有梦想的人是幸福的，但是在梦想成真前的努力是艰辛的。没有人能够随随便便地成功，守得住属于自己的那一份坚持，经得起外界对自己目标的质疑，只有这样才能最终赢得别人的欢呼。

1940 年 6 月 23 日，一位黑人妇女生下了她的第 20 个孩子，这是个女孩，取名威尔玛·鲁道夫。对于这个贫困的铁路工人家庭而言，多生一个孩子只是一个数字而已。

非常不幸的是威尔玛 4 岁那年，她同时患上了双侧肺炎和猩红热。这两种病中的任何一种都能够让威尔玛性命不保。顽强的威尔玛勉强捡回来一条命，但是她的左腿却因猩红热引发的小儿麻痹而变得残疾。从此，幼小的威尔玛就离不开了拐杖。每当看到邻居家的孩子追逐奔跑时，威尔玛就显得有些郁郁寡欢。威尔玛曾经对母亲说："我的心中有个梦，不知道能不能实现。"当母亲问威尔玛的梦想是什么时，威尔玛坚定地说："我想比邻居家的孩子跑得快！"一向坚强的母亲得知她这个梦想以后，也忍不住落泪了。她知道孩子的这个梦想实现的难度将会非常的大，除非奇迹出现。但是奇迹真的在人们的期盼中出现了，威尔码不仅脱掉了笨重的保护靴，而且可以下地走路了。

13 岁那年，威尔玛决定参加学校举办的短跑比赛。学校的老师和同学都知道她曾经患病的历史，并且直到此时腿脚还不是很利索，于是便都好心地劝她放弃比赛。威尔玛却决意要参加比赛，老师只好通知她母亲，希望母亲能好好劝劝她，放弃参赛的念头。然而母亲却说："她的腿已经好了。让她参加吧，我相信我自己的女儿，她能创造奇迹。"事实证明母亲的话是正确的。

比赛当天，威尔玛靠着惊人的毅力一举夺得了 100 米和 200 米短跑的冠军，周围所有的人都开始对她刮目相看。从此，威尔玛爱上了短跑运动，想办法参加一切短跑比赛，在一次次的比赛中，不断提升着自己。

在取得一项项成绩的背后，同学们不知道威尔玛曾经不太灵便的腿为什么一下子变得那么神奇，但是母亲知道女儿成功背后的艰辛。威尔玛为了实现比邻居家的孩子跑得快的梦想，每天早上坚持练习短跑，哪怕练到小腿发胀、酸痛也不放弃。

威尔玛的跑步生涯并没有结束，她逐渐跑出了美国，跑进了奥运会的赛场上。1956年奥运会上，16岁的威尔玛参加了4×100米的短跑接力赛，并和队友一起获得了铜牌。1960年，威尔玛在美国田径锦标赛上以22秒9的成绩创造了200米的世界纪录。这一年的罗马奥运会上，威尔玛迎来了她体育生涯中辉煌的巅峰时刻。她参加了三项比赛，分别是100米、200米和4×100米接力比赛，让人惊叹不已的是，她接连获得了3枚奥运金牌。

这是梦想所创造出来的奇迹。一个人的一生中会有很多梦想，但是很多人却不去珍惜，最终让梦想随着自己的躯体一起走进了坟墓。

7. 慢下来，让生活更精致

等待的过程其实就是一种磨炼，是对一个人意志的考验。不愿意静心等待的人，往往在生活中表现得都比较烦躁，无法享受到生命的乐趣，当然也就没有足够的耐心等待成功的到来。

生活留给人们的往往是选择题。在现实生活中，我们常常会遇见这样一种情况，在一个站台等公交车的时候会出现某一辆公交车迟迟不来的情况，一些人会选择坐上另一条路程更远的车，或者是宁愿花很长时间来倒车；在等电梯的时候，一些人会因为等电梯的人太多或者电梯迟迟不来而选择走楼梯上高层。可结果呢？等车的人往往在到达目的地时发现自己绕了一个很大的弯，先前所等的那辆车已经提前到达多时；不愿等电梯的人在气喘吁吁地到达自己要去楼层时发现，电梯已经上下运行好几次了。

这是生活中司空见惯的现象，其实也可以从中总结出一些道理：当遇到无法抵抗的坏事情的时候，静静等候机会比横冲直撞地寻找路径要有用得多。在"等不及"这样一个紧箍咒的摧残下，很多人在慌不择路中作出了错误的选择，当信心和耐心被逐渐消磨的时候，距离最后的目的地往往是越来越远。

《韩非子·外储说左上》中有一篇寓言，名字叫作《释车下走》。寓言的内容是这样的：齐景公在外出巡游的时候，突然接到快马的奏报，朝中著名大臣晏婴生命垂危，恐怕等不及和齐景公诀别了。齐景公听到这个消息，立刻准备掉转马头返回到都城。还没等齐景公起身，传信的侍从又到了。景公说："快驾烦且（拉的）那辆马车，让主管韩枢驾车。"跑了几百步，他认为马主管赶得不快，夺过缰绳代替他（赶车），赶了大约几百步，认为坐马车没有跑得更快，干脆下车去跑。

齐景公的举动或许可以解释为一时心急，但是在现实生活中，不安于等待，贸然行动的实例还在少数吗？在很多时候，人们总是不断地向前奔跑，非要把自己弄得遍体鳞伤。如果有机会能够回头仔细想想，很多努力其实是一种无谓的牺牲。

事实上，等待也是行走的一种状态。因为做任何事情都很难一气呵成地完成，其中有一部分的时间必然要花在休整、分析和判断之上。如果不肯停下来等一等，结果就是永远也等不到自己想要的。

有一个年轻人和女朋友约好了时间在某个地方进行约会，他很早就到达了指定的地点，可是他又没有等待的耐心，开始逐渐变得烦躁不安，甚至有些气急败坏。在百无聊赖的时候，他开始抱怨自己的女朋友为什么不能像他一样早来，开始抱怨在今天选择约会是多么的失败。

就在这个时候，他的面前来了一位老者。"我知道你在此抱怨的理由，"老者说道，"只要你戴上这块表，当你遇到不愿意等待的事情时，就将时针转动一下，这样你就可以跳过当时的时间，想要跳过多久都行。"

年轻人听到这里异常地开心，在表示过感谢后，他欣然接受了这个神奇的礼物。在老者走后，年轻人试着将时针向前拨动了几个小时，果然他期待中的女友就出现了。见到有实际的效果，年轻人十分开心，心想，如果要是现在能与女友结婚该多好啊，于是他继续转动时针，眼前出现的是他与女友一起在婚礼上的场景。接下来，年轻人在飞快的转动中看到了豪华的别墅、名贵的跑车、奢侈的食物……年轻人一圈又一圈地向前透支着自己的生命，到了最后，他发现自己老了，疾病缠身，唯一的等待便是他即将面临的死亡。

此时的年轻人非常懊恼：悔恨自己就这样匆忙地走完了自己的一生。万念俱灰的他试着将钟表的指针向回调了一下，奇迹出现了。他突然之间回到了最开始的时间，回到了他女友还没有来的状态。此时，年轻人的焦虑和不安消失了，他开始心平气和地看着眼前蔚蓝的天空，开始看着周围富有生机的一切，甚至觉得爬到他身边的甲虫都是可爱至极的。

如果说生命是一个过程，最悲哀的事情就是一切不能够重来，最可喜的事情就是它不需要重新再来。在等待的时间里，走过的地方是永远不会再回头的，而在这段等待的时间里，完全不必急躁，要静心等待着美好未来的降临。

8. 拥抱明天，相信明天更美好

阳光终会穿透乌云，只要心怀梦想，就要永不放弃。

给我们带来痛苦和哀愁的苦难和挫折，是无法用主观意识来控制的。的确，没有一个人的生命历程是一帆风顺、完美无瑕的，谁的身心都会有苦难留下来的印记。苦难是生活的重要组成部分，就像每天生活中的柴米油盐一样，没有谁能够避免得了，也缺少不得。当我们遇到困难和挫折的时候，很可能会整日地提心吊胆，郁郁寡欢，甚至是萎靡不振，逃避现实。其实大可不必做这种杞人忧天的事情，我们应该乐观而勇敢地面对这些不如意，保持理智和清醒，镇定自若地去化险为夷，这样不仅仅解决了困难，还能够使自己不受伤害。

只要是我们人还在，明天还在，就没有什么可以忧虑和担心的了。在夕阳西下的时候黯然神伤，还不如等待明天旭日东升时信心满怀地去参加新一轮的奋斗。很多的人把消极的情绪思想等同于现实本身，从而触景生情，其实，环境本身是没有伤感和欢乐之分的，只不过是我们的心灵世界起了变化而已。那么，就在心情低落的时候，站起来走到窗口，去眺望一下绿如蓝的春水、迷人眼的红花吧，这样能够让你的心情得到休养生息。不要让过去的烦恼来干扰你的情绪，张开双臂，拥抱明天的希望吧。

罗伯特是美国著名的企业家。他出生在美国西部的一个乡村中，由于家庭经济条件有限，他只受过很短的学校教育，小学没有读完就辍学了。15岁那年，为了减轻家里人的负担，他不得不去一个山村里做着马夫的工作。不过，胸怀大志的罗伯特并没有放弃对人生的规划和梦想，他下决心一定要活出个样子来，创造出一片属于自己的天地。18岁那年，他来到了一家建筑公司做小工。

建筑工人每天都在和泥水石灰打交道，工作十分地辛苦，而薪水和工作量又不能成正比。他的同事每天都会抱怨痛苦的生活，不利的环境，然而，罗伯特并没有和别人一样做无谓的抱怨，他下决心要做同事当中最优秀的人，因此，每天下班之后，他就避开闲聊的同事，躲在一个角落里看书，学习建筑知识。有一天，前来检查工作的经理看到了他手中的书和笔记本，暗自记住了这个勤奋好学的小伙子。第二天，经理把罗伯特叫到办公室，问他为什么要学那些和他身份不符的东西，罗伯特回答说："我们公司缺少的不是打工者，缺少的是那些既有工作经验，又有专业知识和技术的中层骨干，我也并不想一直在工地上耗下去，所以就在下班的时候多学一点知识。"经理赞赏地对他竖起了大拇指。几天之后，罗伯特就被任命为项目经理。

成为项目经理后的罗伯特并没有满足，而是朝着更大的方向努力。为了工作，他经常加班，很多同事感到不理解，就嘲笑和挖苦他。罗伯特说："如果你们认为我在为老板打工，只是为了钱而卖命，那就大错特错了，我决不甘心现在的位子，我要为明天的理想和前途而奋斗。"正是因为有了这样的信念，几年的时间里，罗伯特从项目经理做到了工程师，最后又做了这家建筑公司的总经理。

经过长期的经验积累和努力拼搏，在10年之后，他终于拥有了自己名下的公司，创造了非凡的业绩，完成了从一个建筑工人到成功人士的飞跃。而那些嘲笑他的同事，还在建筑工地上做着小工，还在抱怨着劳累的工作和不高的薪水。

无论遇到什么样的困难和挫折，我们都不能够丧失希望和进取心。希望是前进的动力、灵魂的本质，是生活活力的源头，面对困难，我们需要做的不是悲观和抱怨，而是满怀信心，冲破阻挠和束缚。拥有一颗希望的心，就能拥抱明天的太阳。